21世纪高等学校计算机基础实用规划教材

Visual FoxPro程序设计实验指导及习题

曾庆森 卢玲 主编

清华大学出版社

北京

内 容 简 介

本书是配合讲授《Visual FoxPro 程序设计教程》课程的需要而编写的实验教材,主要内容包括实验内容、部分实验的参考答案、考试模拟试题、考试大纲和同步练习。所编写的实验内容是按照《Visual FoxPro 程序设计教程》课程教学循序渐进的方式进行编写,考试模拟试题及考试大纲使学生明白考试的样式和形式;最后的同步练习是按照课程的章节而编写,学生可以通过做一定的习题巩固所学的知识。

本书内容丰富,覆盖了 Visual FoxPro 程序设计的所有内容,不仅可以辅助学生学习 Visual FoxPro 程序设计课程知识,而且对参加计算机二级 Visual FoxPro 等级考试的考生也很有帮助。

图书在版编目(CIP)数据

Visual FoxPro 程序设计实验指导及习题/曾庆森,卢玲主编. —北京:清华大学出版社,2010.3

(21 世纪高等学校计算机基础实用规划教材)

ISBN 978-7-302-21397-0

Ⅰ.①V…   Ⅱ.①曾… ②卢…   Ⅲ.①关系数据库—数据库管理系统,Visual FoxPro—程序设计—高等学校—教学参考资料   Ⅳ.①TP311.138

中国版本图书馆 CIP 数据核字(2010)第 016291 号

责任编辑:魏江江   赵晓宁
责任校对:李建庄
责任印制:李红英

出版发行:清华大学出版社   地   址:北京清华大学学研大厦 A 座
　　　　　http://www.tup.com.cn   邮   编:100084
　　　　　社　总　机:010-62770175   邮   购:010-62786544
　　　　　投稿与读者服务:010-62776969,c-service@tup.tsinghua.edu.cn
　　　　　质 量 反 馈:010-62772015,zhiliang@tup.tsinghua.edu.cn
印 刷 者:北京富博印刷有限公司
装 订 者:北京市密云县京文制本装订厂
经   销:全国新华书店
开   本:185×260   印 张:13   字   数:321 千字
版   次:2010 年 3 月第 1 版   印   次:2010 年 3 月第 1 次印刷
印   数:1～3500
定   价:19.50 元

编审委员会成员

随着我国改革开放的进一步深化,高等教育也得到了快速发展,各地高校紧密结合地方经济建设发展需要,科学运用市场调节机制,加大了使用信息科学等现代科学技术提升、改造传统学科专业的投入力度,通过教育改革合理调整和配置了教育资源,优化了传统学科专业,积极为地方经济建设输送人才,为我国经济社会的快速、健康和可持续发展以及高等教育自身的改革发展做出了巨大贡献。但是,高等教育质量还需要进一步提高,以适应经济社会发展的需要,不少高校的专业设置和结构不尽合理,教师队伍整体素质亟待提高,人才培养模式、教学内容和方法需要进一步转变,学生的实践能力和创新精神亟待加强。

教育部一直十分重视高等教育质量工作。2007年1月,教育部下发了《关于实施高等学校本科教学质量与教学改革工程的意见》,计划实施"高等学校本科教学质量与教学改革工程(简称'质量工程')",通过专业结构调整、课程教材建设、实践教学改革、教学团队建设等多项内容,进一步深化高等学校教学改革,提高人才培养的能力和水平,更好地满足经济社会发展对高素质人才的需要。在贯彻和落实教育部"质量工程"的过程中,各地高校发挥师资力量强、办学经验丰富、教学资源充裕等优势,对其特色专业及特色课程(群)加以规划、整理和总结,更新教学内容、改革课程体系,建设了一大批内容新、体系新、方法新、手段新的特色课程。在此基础上,经教育部相关教学指导委员会专家的指导和建议,清华大学出版社在多个领域精选各高校的特色课程,分别规划出版系列教材,以配合"质量工程"的实施,满足各高校教学质量和教学改革的需要。

本系列教材立足于计算机公共课程领域,以公共基础课为主、专业基础课为辅,横向满足高校多层次教学的需要。在规划过程中体现了如下一些基本原则和特点。

(1) 面向多层次、多学科专业,强调计算机在各专业中的应用。教材内容坚持基本理论适度,反映各层次对基本理论和原理的需求,同时加强实践和应用环节。

(2) 反映教学需要,促进教学发展。教材要适应多样化的教学需要,正确把握教学内容和课程体系的改革方向,在选择教材内容和编写体系时注意体现素质教育、创新能力与实践能力的培养,为学生的知识、能力、素质协调发展创造条件。

(3) 实施精品战略,突出重点,保证质量。规划教材把重点放在公共基础课和专业基础课的教材建设上;特别注意选择并安排一部分原来基础比较好的优秀教材或讲义修订再版,逐步形成精品教材;提倡并鼓励编写体现教学质量和教学改革成果的教材。

(4) 主张一纲多本,合理配套。基础课和专业基础课教材配套,同一门课程可以有针对不同层次、面向不同专业的多本具有各自内容特点的教材。处理好教材统一性与多样化,基本教材与辅助教材、教学参考书,文字教材与软件教材的关系,实现教材系列资源配套。

(5) 依靠专家,择优选用。在制定教材规划时依靠各课程专家在调查研究本课程教材建设现状的基础上提出规划选题。在落实主编人选时,要引入竞争机制,通过申报、评审确定主题。书稿完成后要认真实行审稿程序,确保出书质量。

繁荣教材出版事业,提高教材质量的关键是教师。建立一支高水平教材编写梯队才能保证教材的编写质量和建设力度,希望有志于教材建设的教师能够加入到我们的编写队伍中来。

21世纪高等学校计算机基础实用规划教材

联系人:魏江江 weijj@tup. tsinghua. edu. cn

本书是为学生学习"Visual FoxPro 程序设计"课程而编写的一本实验辅助教材。主要包括四部分内容：

1. 实验内容。学习"Visual FoxPro 程序设计"必须上机做一定的实验，才能够掌握课程的精髓。实验内容共有 18 个实验。这些实验都是按照课程的教学内容顺序和必须掌握课程的内容而筛选的，通过这些基本实验，可以使学生掌握课程的基本内容和对数据库的基本操作，能够激发学生学习的积极性。

2. 部分实验和部分参考答案。由于开始接触"Visual FoxPro 程序设计"，对计算机语言，特别是自己动手编制一个简单的程序，作为初学者来讲都是难度较大的事情，让学生首先模仿一定的实验，再自己独立操作是一个很好的选择。由于有相应的参考答案，学生可以在较短的时间基本掌握课程的主要内容。在此基础上自己用其他方法上机操作，可以达到事半功倍的效果。参考答案由于篇幅的限制，仅仅是一种方法，学生也可以独立编写其他的方式来解决问题。

3. 考试模拟试题及大纲。学生在学习了课程的基本内容后，检验水平的一个标准是参加相应的考试，这部分的主要内容有二级等级考试模拟题，也有考试模拟题，还有考试大纲，这些内容对于学生有很大的帮助。

4. 同步练习题。为帮助学生掌握课程的基本内容，根据课程的教学内容顺序编写了一定的练习题，使学生可以很好地掌握课程的精华。

本书内容丰富，覆盖了 Visual FoxPro 程序设计的所用内容，不仅可以辅助学生学习课程，而且对准备参加计算机二级等级考试的学生也很有帮助。因此，该书是学习"Visual FoxPro 程序设计"课程很好的辅助教材。

本书由重庆理工大学曾庆森、卢玲任主编，曾庆森编写第 1 部分内容，杨长辉编写第 2 部分内容，何进编写第 3 部分内容，第 4 部分内容由卢玲编写，何进还为本书的出版提供大量的参考资料，全书由曾庆森审阅和统稿，其他教师也提出了许多宝贵意见，在此一一表示感谢。

由于时间仓促及水平有限，特别是程序设计题目，每人的思路不同，相应具有不同的编程方法及编程思路，因此，答案仅供参考，也不一定是最优解，个别参考答案也可能存在错误或不当之处，敬请读者批评指正。

编　者
2010 年 1 月

CONTENTS 目录

第 **1** 部分

实验指导

1.1 实验 1 常用函数的使用

实验目的：熟悉和掌握 Visual FoxPro 6.0 常用函数的使用，为后面课程的教学打下基础。

实验环境：满足 Visual FoxPro 6.0 及其以上版本所要求的计算机硬件和软件环境。

实验内容：

依次键入下列操作命令并仔细观察各个函数的执行结果，熟悉掌握各函数的用法。

说明：exp 代表表达式，expN 代表数值表达式，expC 代表字符表达式，expL 代表逻辑表达式，expD 代表日期表达式。

注意：在 Visual FoxPro 环境下，命令中的标点符号只能为英文标点，如逗号(,)、括号([ ])等。

1. 常用数值函数

1) 取 expN 整数函数 INT(expN)，取大于或等于 expN 的最小整数 CEILING(EXPN)，取小于或等于 expN 的最大整数 FLOOR(EXPN)

```
?INT(12.9),CEILING(12.9),FLOOR(12.9)
?INT(-12.9),CEILING(-12.9),FLOOR(-12.9)
```

2) 绝对值函数 ABS(expN)

功能：返回 expN 的绝对值。

```
?ABS(20),ABS(-20)
```

3) 求平方根函数 SQRT(expN)

功能：求 expN 的算术平方根，expN 必须大于 0。

```
?SQRT(48.5 * 48.5),SQRT(64)
```

4) 指数函数 EXP(expN)

功能：返回 expN 的以 e 为底的指数。

```
?EXP(1),EXP(-1),EXP(2)
```

5) 对数函数 LOG(expN)、LOG10(expN)

功能：LOG(expN)表示以 e 为底的对数函数，LOG10(expN)表示以 10 为底的对数函数。

?LOG(3),LOG10(1000),LOG(0.23),LOG10(0.23)

6) 求最大值 MAX(exp1,exp2,exp3...)和最小值 MIN(exp1,exp2,exp3...)函数

功能：MAX()计算表达式中的最大值。

MIN() 计算表达式中的最小值。

说明：字符型数据按 ASCII 顺序，即按照字符从小到大的顺序为 0~9,A~Z,a~z,字符的比较是按照顺序一一比较，如果第一个字符比较就有结果，则结束比较。常用汉字按拼音字母的顺序。

?MAX(59,35,28),MAX("2","1322","0567"),MAX("男","女")
?MIN(59,35,28),MIN("汽车","飞机","轮船")

7) 随机函数 RAND(expN)

功能：当 expN 为小于或等于零的数值时，或者无参数，则每次运行的结果都不一样，且在 0~1 之间的一个小数，当 expN 为大于零的数值时，每次运行的结果都一样，且在 0~1 之间的一个小数。

?RAND(1),RAND(),RAND(−1),RAND(2),RAND(2),RAND(2.6)
?RAND(1),RAND(),RAND(−1),RAND(0),RAND(2),RAND(2.6)

8) 符号函数 SIGN(expN)

功能：SIGN() 返回指定数值表达式的符号，当表达式的运算结果为正、负、零时，函数值分别为 1,−1,0。

?SIGN(−234),SIGN(0),SIGN(2345)

9) 圆周率函数 PI()

功能：返回圆周率 π（数值型）。

?pi()

10) 余数函数 MOD(expN1, expN2)

功能：返回两个数值相除后的余数。expN1 是被除数，expN2 是除数。余数的正负号与除数相同，如果被除数与除数同号，那么函数值为两数相除的余数；如果被除数与除数异号，则函数的值为两数相除的余数再加上除数的值。

?MOD(10,3), MOD(10,−3), MOD(−10,3) MOD(−10,−3)

11) 四舍五入函数 ROUND(expN1,expN2)

功能：ROUND(expN1,expN2)返回指定数值表达式位置进行四舍五入的结果。expN2 指明四舍五入的位置，若 expN2 大于零，那么表示的是要对小数进行保留的位置，若 expN2 小于零，那么表示的是整数部分的舍入的位置。

?ROUND(1234.5267,2),ROUND(1234.5267,1),ROUND(1234.5267,0)
?ROUND(1234.5267,−1),ROUND(1234.5267,−2),ROUND(1234.5267,−4)

2．字符函数

1）宏替换函数 &MexpC

功能：一是替换字符型内存变量的值，二是将数值型字符转换为数值型数据。如果该函数与其后的字符无明确分界，则要用"."作函数结束标识。

```
C2="Computer"
C1="2"
C="c&c1"
?&C1.2*3,&C
```

2）求子字符位置函数 AT(expC1,expC2)

功能：AT()的函数值为数值型，如果 expC1 是 expC2 的子串，则返回 expC1 值的首字符在 expC2 中的位置；若不是子串，则返回 0。

```
?AT("345","123456"),AT("5","12367")
?AT("abc","ABCDE abcde"),AT("abc","ABDCE abdce")
```

3）空格字符串生成函数 SPACE(<数值表达式>)

功能：返回由指定数目的空格组成的字符串。

4）删除前后空格函数 TRIM(expC)或 RTRIM(expC)、LTRIM(expC)、ALLTRIM(expC)

功能：

TRIM()或 RTRIM()返回指定字符表达式值去掉尾部空格（右边空格后形成的字符串）。

LTRIM()返回指定字符表达式值去掉前导（左边）空格后形成的字符串。

ALLTRIM()返回指定字符表达式值去掉前导和尾部（前后）空格后形成的字符串。

```
STORE  SPACE(2)+"TEST"+SPACE(3)  TO  SS
?TRIM(SS)+LTRIM(SS)+ALLTRIM(SS)
?LEN(SS),LEN(TRIM(SS)),LEN(LTRIM(SS)),LEN(ALLTRIM(SS))
```

5）取子串函数 LEFT(expC,长度)、RIGHT(expC,长度)、SUBSTR(expC,<起始位置>[,<长度>])

功能：LEFT()从指定表达式值的左端开始取指定长度的子串。

RIGHT()从指定表达式值的右端开始取指定长度的子串。

SUBSTR()从指定表达式值的指定起始位置取指定长度的子串。如果缺省第三个自变量<长度>，则函数从指定位置一直取到最后。

```
STORE  "GOOD BYE!" TO  X
?LEFT(x,2),SUBSTR(x,6,2),SUBSTR(x,6),RIGHT(x,3)
```

6）计算子串出现次数函数 OCCURS(expC1,expC2)

功能：返回 expC1 在 expC2 中出现的次数，函数值为数值型。若 expC1 不是 expC2 的子串，函数值为 0。

```
STORE  'abracadabra'  TO  s
?OCCURS('a',s),OCCURS('b',s),OCCURS('c',s),OCCURS("e",s)
```

7）求字符串长度 LEN（expC）

功能：返回指定字符串的长度。

?LEN("MicroSoft FoxPro2.6"),LEN(SPACE(10))
?LEN(SUBS("AABBCCDD",6))

8）大小写转换函数 LOWER（expC）、UPPER（expC）

功能：

LOWER（）将指定表达式中的大写字母转化为小写字母，其他不变。

UPPER（）将指定表达式中的小写字母转化为大写字母，其他不变。

A="Information　Management System"
?LOWER(A),UPPER(A)

9）字符串匹配函数 LIKE（expC1,expC2）

功能：比较两个字符串对应位置上的字符，若所有对应字符都匹配，函数返回逻辑值真，否则为假。expC1 可以包含通配符。

X="abc"
Y="abcd"
?LIKE("ab * ",X)、LIKE("ab * ",Y)、LIKE(X,Y)、LIKE("ABc",X)

10）字符串替换函数 STUFF（EXPC1,EXPN1,EXPN2,EXPC2）

功能：用 expc2 去替换 expc1 中由起始位置 expn1 开始的到 expn2 的若干个字符串。

?STUFF("中国 重庆",6,4,"北京"),STUFF("中国 重庆",6,2,"北京"),STUFF("中国 重庆",6,0,"北京")
?STUFF("abcdef",1,3,"")

11）产生重复字符串 REPLICATE（EXPC,EXPN）

功能：重复给定字符串若干次，次数由数值型表达式给定。

?REPLICATE(" * ",6)

3．日期和时间函数

日期和时间函数的自变量一般是日期型数据或日期时间型数据。

1）系统日期 DATE（）、时间函数 TIME（）、日期时间函数 DATETIME（）

功能：DATE（）返回当前系统日期。

　　　TIME（）以 24 小时制，以 hh：mm：ss 格式返回当前系统时间，函数值为字符串。

　　　DATETIME（）返回当前系统日期时间，函数值为日期时间型。

?DATE(),TIME(),DATETIME()

2）求年份 YEAR（expD）、月份 MONTH（expD）和天数 DAY（expD）函数

功能：YEAR（）从指定的日期（时间）表达式中返回年份。

　　　MONTH（）从指定的日期（时间）表达式中返回月份。

　　　DAY（）从指定的日期（时间）表达式中返回月里面的天数。

　　　这三个函数的返回值都为数值型。

```
STORE  {^2007-08-18} TO  d
?YEAR(d),MONTH(d),DAY(d)
```

3）求时 HOUR（<日期时间表达式>）、分 MINUTE（<日期时间表达式>）和秒 SEC（<日期时间表达式>）函数

功能：HOUR()从指定的日期时间表达式中返回小时部分（24 小时制）。

　　　　MINUTE()从指定的日期时间表达式中返回分钟部分。

　　　　SEC()从指定的日期时间表达式中返回秒数部分。

　　　　这三个函数的返回值都为数值型。

```
STORE {^2007-03-18 02:30:50P} TO t
?HOUR(t),MINUTE(t),SEC(t)
```

4. 数据类型转换函数

1）求字符串中的第一个字符的 ASCII 码值 ASC(expC)

?ASC("ABC"),ASC("abc")   && 大写字母的 ASCII 码值为 65～92,小写字母的 ASCII 码值为 97～122。

2）将十进制数转换为相对应的 ASCII 码字符 CHR(expC)

?CHR(65),CHR(65.89),CHR(65+32),CHR(48),CHR(49)

3）数值转换成字符串 STR(expN[,<长度>[,<小数位数>]])

功能：将 expN 的值转换成字符串,转换时根据需要自动进行四舍五入。如果<长度>值大于 expN 的所有位数,则字符串加前导空格以满足规定的<长度>要求；如果<长度>值大于等于 expN 值的整数部分位数（包括负号）但又小于所有位数,则优先满足整数部分而自动调整小数位数；如果<长度>值小于 expN 值的整数部分位数,则返回一串星号（ * ）。如果无小数位数和长度则<小数位数>的默认值为 0,<长度>的默认值为 10。

```
N=-123.456
?"n="+STR(n,8,3)
?STR(n,9,2),STR(n,6,2),STR(n,3),STR(n,6),STR(n)
?STR(1234.56,7,2),STR(1234.56,6,2),STR(1234.56,5,2)
?STR(1234.56,4,2),STR(1234.56,7),STR(1234.56,6)
?STR(1234.56,5),STR(1234.56,4),STR(1234.56,3)
```

4）字符串转换成数值 VAL(expC)

功能：将由数字符号（包括正负号、小数点）组成的字符型数据转换成相应的数值型数据。若字符串内出现非数字字符,那么只转换非数字字符前面部分的数字；若字符串的首字符不是数字符号,则返回数值零,但忽略前导空格。

```
STORE "-123" TO x
STORE "45" TO y
STORE 'A45' TO z
?VAL(x+y),VAL(x+z),VAL(z+y)
?VAL("123.45A"),VAL("123.4A5"),VAL("123.A45")
?VAL("12A3.45"),VAL(1A3.45"),VAL("A123.45")
```

5）字符串转换成日期 CTOD(expC)或日期时间 CTOT(expC)

功能：CTOD()将 expC 转换成日期型数据。

CTOT()将 expC 转换成日期时间型数据。

```
SET DATE TO YMD
SET CENTURY ON      && 显示日期或日期时间时，用 4 位数显示年份
D1=CTOD("^2007/1/4")
T1=CTOT("^2007/1/4")
?D1,T1
```

6）日期或日期时间转换成字符串 DTOC(expD|expDT)、TTOC(expDT)(expDT 表示日期时间型数据)

功能：DTOC()将日期（时间）型数据日期部分转换成字符串。

TTOC()将日期时间数据转换成字符串。

```
STORE DATETIME() TO t
?DTOC(t),TTOC(t)
```

5．测试函数

1）值域测试函数 BETWEEN(exp1,exp2,exp3)

功能：判断一个表达式的值是否介于另外两个表达式的值之间。当 exp1 值大于等于 exp2 且小于等于 exp3 时，函数值为逻辑真(.t.)，否则函数值为逻辑假(.f.)。如果 exp2 或 exp3 有一个是 NULL 值，那么函数值也是 NULL 值。

```
X=.NULL.
Y=100
?BETWEEN(150,Y,Y+100),BETWEEN(90,X,Y)
```

2）空值(NULL)测试函数 ISNULL(exp)

功能：判断一个表达式的运算结果是否为 NULL 值，若是 NULL 值返回逻辑真(.t.)，否则返回逻辑假(.f.)。

```
STORE .NULL.  TO X
?X,ISNULL(X)
```

3）"空"值测试函数 EMPTY(exp)

功能：根据表达式计算的结果判断是否为空值，是则返回逻辑真(.t.)，否则为假(.f.)，如表 1-1 所示。

表 1-1　不同数据类型的"空"值

数 据 类 型	空	数 据 类 型	空
数值型	0	双精度	0
字符型	空串、空格、制表符、回车、换行	日期型	CTOD("")
货币型	0	日期时间型	CTOD("")
浮点型	0	逻辑型	.f.
整型	0	备注型	无内容

4）数据类型测试函数 VARTYPE(exp)

功能：测试<表达式>的类型，返回一个大写字母，如表 1-2 所示。

表 1-2　用 VARTYPE()测试变量的数据类型

返 回 字 母	数 据 类 型	返 回 字 母	数 据 类 型
N	数值型、浮点型、整型、双精度	G	通用型
C	字符或备注型	D	日期型
Y	货币型	T	日期时间型
L	逻辑型	X	Null 值
O	对象型	U	未定义

```
X="AAA"
Y=10
X=.NULL.
Z=$100.2
?VARTYPE(X), VARTYPE(Y), VARTYPE(Z)
```

5）文件尾测试函数 EOF(工作区号|表别名)

功能：当指针指向表文件尾为真，否则为假。

6）文件头测试函数 BOF(工作区号|表别名)

功能：当指针指向表文件头为真，否则为假。

7）记录号测试函数 RECNO(工作区号|别名)

功能：返回当前表文件中或指定文件中的记录号。

8）记录数测试函数 RECCOUNT(工作区号|表别名)

功能：返回当前表文件或指定表文件中的记录数。

9）记录删除函数 DELETED(工作区号|表别名)

功能：返回当前记录是否做了删除标记，是则为真，否则为假。

1.2　实验 2　内存变量及自由表的基本操作

实验目的：熟悉和掌握内存变量的建立、显示、保存，数据库记录的显示操作。

实验环境：满足 Visual FoxPro 6.0 及其以上版本所要求的计算机硬件和软件环境。

实验内容：

1. 依次键入下列操作命令并观察各个函数的执行结果

1）内存变量的操作

```
x1=8 * 4              && 内存变量赋值,注释可以不输入,仅仅起解释作用
x2="pqr"
xy=.t.
xz={^1996/12/30}
store  0 to  x3,x4,x5   && 将数值 0 赋值到内存变量 X3,X4,X5
LIST MEMORY LIKE x?     && 显示第一个字符为 X 的所有内存变量
SAVE TO f1 ALL LIKE x?  && 保存第一个字符为 X 的所有内存变量到内存变量文件 F1 中
```

```
RELEASE x1,x2            && 删除内存变量 X1 和 X2
LIST MEMORY LIKE x?      && 显示第一个字符为 X 的所有内存变量,注意看两次显示数据的区别
RESTORE FROM  f1         && 从内存变量 F1 中恢复保存所有内存变量
LIST MEMORY LIKE x?      && 显示第一个字符为 X 的所有内存变量
```

2) 数组元素的操作

在命令窗口中输入以下命令建立数组 ARRA 和 ARRB,并观察不同情况下数组中各个元素的类型和值。

```
DIMENSION   ARRA(10),ARRB(3,4)    && 建立数组 ARRA 和 ARRB
DISP MEMO LIKE ARR                && 显示内存变量 ARRA 和 ARRB 的情况
ARRA=0                            && 将数组 ARRA 重新赋值为 0
DISP  MEMO ARR
ARRA(1)="ZHANG"                   && 将数组元素 ARRA(1)重新赋值为'ZHANG'
DISP MEMO LIKE ARR
```

3) 表达式的建立及使用(在命令窗口顺序执行以下命令,注意观看执行的结果和数据类型)

```
A=3                              && 为内存变量赋值
B=4
C=5
X=B*B-4*A*C                      && 算术表达式
Y=A/(B+C)
Z=A*B%C+A*B
?X,Y,Z                           && 显示变量的值
姓名="李小明"
?姓名+'您好!'                    && 字符串表达式
?姓名-'您好!'
?'学生' $ '好学生'
?100>=90                         && 关系表达式
? 'ABC'>'BCD'
?'ABCD'='ABC'
? 'ABC'='ABCD'
SET EXACT ON                     && 设置精确比较
? 'ABCD'='ABC'
SET EXACT OFF
?'ABCD'=='ABC'                   && ==表示恒等于
? {^1988/12/3}+30                && 日期表达式
? {^1989/12/3}-{^1988/12/3}
A=100
B=98
C=97
?A>=B  AND B<=C                  && 逻辑表达式
?A>=90 AND B>=90 AND C>=90
?A=100 OR B=100 OR C=100
姓名='王小波'
性别='男'
出生日期={^1986/10/10}
?(姓名='王' OR 姓名='李')  AND 性别='女'
?'王' $ 姓名 AND !性别='女'
```

2. 建立自由表"学生.DBF"

表文件结构如表 1-3 所示。

表 1-3　表文件的结构

字 段 名	类 型	宽 度	小 数 位 数
学号	字符型	6	
姓名	字符型	8	
性别	字符型	2	
出生日期	日期型	8	
少数民族否	逻辑型	1	
籍贯	字符型	10	
数学	数值型	5	1
外语	数值型	5	1
简历	备注型	4	
相片	通用型	4	

记录数据如表 1-4 所示。

表 1-4　表文件的数据

学号	姓名	性别	出生日期	少数民族否	籍贯	数学	外语	简历	相片
610221	王大为	男	1984.2.5	否	江苏	88	94		
610204	彭斌	男	1983.12.31	是	北京	74	85		
240111	李远明	女	1985.11.12	否	重庆	85	94		
240105	冯珊珊	女	1987.2.4	否	重庆	78	98		
250205	张大力	男	1986.2.4	否	四川成都	66	77	继续努力	
810213	陈雪花	女	1986.5.5	否	广州	88	65		
820106	汤莉	女	1970.6.21	是	重庆	98	89	读书，工作，经商	
510204	查亚平	女	1971.4.7	是	重庆	88	77		
860307	杨武胜	男	1978.4.5	是	湖南	78	89		
520204	钱广花	女	1980.2.7	是	湖北	85	86		

操作要求：

（1）建立库文件"学生.DBF"的文件结构后，立即输入前面8条记录的数据，其中相片字段的数据由自己自行在 Windows 环境下选择两个图标分别输入，简历字段的数据也可以自己随意输入内容。随后存盘退出。

（2）重新打开表文件"学生.DBF"，并分别查看它的文件结构与记录数据，包括其中的备注字段与商标字段的数据。

（3）在学生.DBF 中再添加后两个记录数据，添加结束后再分别用 Browse 方式、Change 方式查看表文件的记录数据。

（4）将所有性别为女的记录的数学成绩加 5 分。

（5）将所有性别为女的记录的英语成绩变为 5 分。

（6）将第五条记录的数学成绩加 20 分。

（7）将记录指针定位到第五号记录，显示该条记录。

（8）将记录指针指向姓汤的同学。

（9）列出学号的第一个字符为 8 或者第二个字符为 2 的全部记录。

（10）显示从第 3 个记录开始的共 5 个记录。

（11）把第 3 个记录到第 5 个记录显示出来。

（12）显示数学成绩不及格的记录的姓名、性别与学号。

（13）显示少数民族或出生日期在 1985 年以前的所用记录。

（14）显示全部非少数民族记录。

（15）显示数学成绩大于 90 的少数民族信息或数学小于 60 的非少数民族信息。

（16）列出出生日期在 1985 年以前的姓名、性别、数学与出生日期，其中数学成绩按照 9 折处理。

（17）把从第 3 个记录开始的所有非少数民族信息显示出来。

（18）列出学号最后一位为 5 的全部记录。

3. 在学生.DBF 中，对数据结构的操作

（1）显示表"学生.DBF"的数据结构。

（2）复制一个仅有姓名、性别、数学、英语等 4 个字段的表文件结构"学生 1.DBF"。

（3）修改表"学生.DBF"的数据结构，增加名为"想学习"的字段，类型为字符型，宽度为 6。

（4）将学生.DBF 复制到学生 2.DBF。

（5）将学生 2.DBF 的第 3 个记录和第 7 个记录上分别加上删除标记。

（6）撤销第 3 个记录上的删除标记并把第 7 个记录从表文件中彻底抹去。

（7）把学生.DBF 的全部记录数据添加到学生 1.DBF 中去，并查看经添加后的记录内容。

（8）将学生.DBF 复制为学生 3.DBF，并物理删除学生 3.DBF 中记录号为偶数的记录。

（9）将学生.DBF 复制为一个 Excel 文件。

1.3　实验 3　表的排序、索引与统计操作

实验目的：熟悉和掌握数据的排序和索引，以及查找操作。

实验环境：满足 Visual FoxPro 6.0 及其以上版本所要求的计算机硬件和软件环境。

实验内容：

1. 利用实验二所建立的学生表，完成以下操作

（1）显示平均成绩在前 5 名的学生记录（即两门课的成绩最高的前五名同学）。

（2）统计少数民族女生的人数，并把它存入变量 A 中。

(3) 分别统计男、女学生的平均年龄(注意只有出生日期字段)。

(4) 建立一个结构复合索引文件,其中包括两个索引:

- 记录以学号降序排列。
- 记录以姓名降序排列,姓名相同则按照出生日期升序排列。

(5) 查找学号为"240111"同学的记录,分别用 LOCATE、FIND、SEEK 命令查找。

(6) 按照性别对数学和外语成绩进行汇总。

(7) 对学生表倒置浏览,并存入学生 4.DBF 中(即学生表的首记录在学生 4 表的末记录,学生表的末记录在学生 4 表的首记录)。

2. 建立自由表 SB.DBF

文件结构如表 1-5 所示。

表 1-5　表文件的结构

字 段 名	类 型	宽 度	小 数 位 数
编号	字符型	5	
名称	字符型	6	
启用日期	日期型	8	
价格	数值型	9	2
部门	字符型	6	
主要设备	逻辑型	1	
备注	备注型	4	
商标	通用型	4	

记录数据如表 1-6 所示。

表 1-6　表文件的数据

编 号	名 称	启用日期	价 格	部 门	主要设备	备 注	商 标
016-1	车床	97/03/05	62044.51	21	.T.	Memo	Gen
016-2	车床	99/01/15	27132.73	21	.T.	Memo	Gen
037-2	磨床	97/11/02	274561.51	22	.T.	Memo	Gen
038-1	钻床	96/04/25	8804	23	.F.	Memo	Gen
100-1	微机	97/07/05	10044	12	.T.	Memo	Gen
101-2	复印机	97/05/21	12044.51	12	.F.	Memo	Gen
210-1	轿车	97/10/12	162044.51	11	.F.	Memo	Gen

分别排列:

(1) 将价格超过 10 000 元的设备按部门升序排列,并要求新文件只包含编号、名称、价格、部门等 4 个字段。

(2) 将主要设备按名称降序排列,当名称相同时则按启用日期降序排列。

3. 为 SB.DBF 建立一个结构复合索引文件

(1) 记录以编号降序排列。

(2) 记录以名称降序排列,名称相同时则按启用日期降序排列。

（3）记录以部门降序排列，部门相同时则按启用日期升序排列。

1.4 实验4 多表操作

实验目的：了解工作区的概念，熟悉和掌握多工作区的命令，了解数据工作区窗口的使用，掌握多表操作的方法，掌握表的关联、更新、链接等操作。

实验环境：满足 Visual FoxPro 6.0 及其以上版本所要求的计算机硬件和软件环境。

实验内容：

利用实验 2 所建立的表"学生.DBF"，写出进行如下操作的命令：

（1）在学生表的基础上，再建立学生成绩表 student1.DBF，包含字段：学号、姓名、数学、物理、外语、计算机，其中只输入学号和 4 门课的成绩。

（2）建立两表关联，用 student1.DBF 的数学和外语成绩修改学生.DBF 的对应字段。

（3）用 UPDATE 命令向学生 student1.DBF 输入学生姓名。

（4）将两个表连接成一个成绩表 cj.DBF，其中包含有学号、姓名、性别、出生日期、数学、物理、外语、计算机等 8 个字段。

（5）将 student1.DBF 中的学号改为 bh，使得学生.DBF 中的学号与 student1.DBF 中的 bh 两个字段名称不同，但含义相同。利用关联操作，查看学生的姓名、出生日期、性别、物理、外语、计算机等内容及 4 门课程的成绩。

1.5 实验5 数据库的操作

实验目的：熟悉和掌握数据库的建立、打开、关闭等操作，掌握为数据库建立数据库表的永久关系和方法，掌握数据库表实体完整性，域完整性和约束规则，参照完整性和约束规则的设置方法和步骤。

实验环境：满足 Visual FoxPro 6.0 及其以上版本所要求的计算机硬件和软件环境。

实验内容：

（1）按照如下要求建立 XSJBXX.DBF（学生基本信息）、BJ.DBF（班级表）、CJB.DBF（成绩表）、KCB.DBF（课程表）等 4 个自由表，并分别输入 10 左右记录，数据自编，但要注意 4 个表之间的关联字段必须相同，即学生基本信息表的班级编号必须与班级表的班级编号相同，学生基本信息表的学号要与成绩表的学号相同，成绩表的课程编号必须与课程表的课程编号相同，它们的结构如下：

XSJBXX.DBF:
BJBH	C(2)	&& BJBH 是字段名，C(2)表示字段类型为字符，宽度为 2，中文表示班级编号， && 其他一样
XH	C(6)	&& 学号
XM	C(8)	&& 姓名
XB	C(2)	&& 性别
CSRQ	D	&& 出生日期
ZP	G	&& 照片
JL	M	&& 简历

BJ.DBF:
BJBH   C(2)   && 班级编号
BJMC   C(20)   && 班级名称
CJB.DBF:
XH   C(6)   && 学号
KCBH   C(4)   && 课程编号
CJ   N(5,1)   && 成绩
KCB.DBF:
KCBH   C(4)   && 课程编号
KCMC   C(30)   && 课程名称
XF   N(1)   && 学分

(2) 建立数据库 XSCJ.DBC,将上述 4 个自由表加入数据库中。

(3) 在 XSCJ.DBC 中建立如下永久关联:

① BJ.DBF 的班级编号与 XSJBXX.DBF 的班级编号(一对多);

② XSJBXX.DBF 的学号与 CJB.DBF 的学号(一对多);

③ KCB.DBF 的课程编号与 CJB.DBF 的课程编号(一对多)。

(4) 数据库表的数据完整性设置。

① 设置字段的有效性:在 XSCJ.DBC 数据库中,设置 XSJBXX.DBF 中 XB 字段的有效性规则为 XB="男" OR XB="女",错误提示信息为"性别必须为男或者为女",默认值设置为"男"。

② 设置记录的有效性:在 CJB.DBF 表中设置记录有效性规则"上机成绩<=100 AND 理论成绩<=100",设置错误提示信息为"成绩不能超过 100 分"。

③ 设置两个关系的参照完整性:设置 KCB 和 CJB 之间的"更新规则"、"删除规则"为级联,"插入规则"为限制。

1.6   实验6   关系数据库标准语言 SQL 的基本操作

实验目的:熟悉和掌握关系数据库标准语言 SQL 的基本操作及其主要命令的使用。

实验环境:满足 Visual FoxPro 6.0 及其以上版本所要求的计算机硬件和软件环境。

实验内容:

1. 数据库和表的定义操作

(1) 建立订货管理数据库(DHGL.DBC),此数据库中包含如下表:

仓库表:CK(仓库号 C(3),仓库名 C(10),地址 C(4),面积 I(4));仓库号为主索引。

职工表:ZG(仓库号 C(3),职工号 C(4),职工名 C(8),年龄 N(3),基本工资 Y);仓库号为普通索引,职工号为主索引。

订货单表:DHD(职工号 C(2),订货单号 C(4),订货日期 D,订货金额 Y);订货单号为主索引,职工号为普通索引。

要求:同时建立相关的主索引、字段有效性原则、默认值和永久关系。

(2) 为每个表添加至少 4 条记录。

(3) 表结构的修改如下:

① 向职工表添加两个新字段"出生日期"和"奖金",并将"工资"字段改名为"基本工资"。

② 将仓库表的"面积"字段修改为数值型,小数点位数为 1 位,并添加一个候选索引,索引以仓库号和地址为关键字,索引名为 EMP。

2．数据的查询操作

(1) 基本查询方法。按照要求写出以下查询的 SQL 语句：

① 列出 1984 年以前出生的学生的学号,姓名,性别和出生日期。

② 列出理论成绩在 80～100 分之间的学生的学号、理论成绩和上机成绩。

③ 查询学号和成绩(注明：理论成绩和上机成绩各 50％之和为成绩,并按照总成绩大小降序排列)。

④ 统计每个学生的学号和平均成绩(注意：不是说每科的平均成绩,而是所有科目的平均成绩),并将结果输出到"平均成绩表"中。

⑤ 列出所有姓"张"的同学的姓名、性别和院系。

(2) 多表查询,指查询的数据或者条件在两个或者两个以上的表中,属多表操作。

① 统计每门课程的学生选课情况,输出课程名和学习的学生人数。

② 查询学生学习成绩情况,输出姓名、课程名、理论成绩和上机成绩。

③ 列出比杨乐同学小的同学信息(一个表可以当两个表使用,可以各自命名自己的别名,比如 A、B 等)。

(3) 查询的嵌套,以下操作以"订货管理"数据库表为操作数据。

① 列出比平均工资高的职工的清单。

② 查询至少有一个职工工资多于 1220 元的仓库信息。

③ 查询没有职工的仓库信息,有些问题的求解不止一个方法,可用两种方式来做。

④ 查询有职工的工资大于或者等于 WH1 仓库中任何一名职工工资的仓库号。

3．数据的修改操作

(1) 完成以下更新操作。

① 在学生管理数据库中,给课程"C 语言程序设计"每个学生的上机成绩加 10 分(分析：需要更新的表为成绩表,更新的条件在"课程表"中,先在课程表中找到 C 语言课程的课程号,然后以课程号为条件,再到成绩表中更新和这个课程号匹配的数据)。

② 在订货管理数据库中,给订货总金额超过 10 万的职工增加奖金 6000 元(分析：先在订货单表中查找总订货金额超过 10 万的职工号,这个查找结果不唯一,可能有多个,然后依照查找的职工号,再到职工表中更新奖金数据)。

(2) 完成以下删除操作(逻辑删除)。

① 删除成绩表中,理论成绩和上机成绩不存在的记录(没有成绩情况一：成绩输入中,没有输入具体的值；其次,成绩全为空)。

② 删除没有订单的职工信息。

1.7 实验7 查询与视图的基本操作

实验目的：熟悉和掌握关系数据库标准语言 SQL 的基本操作。

实验环境：满足 Visual FoxPro 6.0 及其以上版本所要求的计算机硬件和软件环境。

实验内容：

实验所用的表仓库、职工、订购、供应商在实验6已经建立,且它们的相互关系也已经建立,方法可像实验6所示。如没有相应的表及其联系,请先建立。

(1) 利用查询设计器建立一个含有仓库号、职工号、城市和工资信息的查询。

(2) 利用查询设计器建立一个含有仓库号、职工号、城市和年工资信息的查询。

(3) 利用查询设计器建立一个含有仓库号、职工号、城市、工资和年工资信息的查询,要求按仓库号升序、职工号降序。

(4) 利用查询设计器建立一个含有仓库号、年工资,以职工.仓库号进行分组的查询。

(5) 建立一个具有仓库.仓库号、仓库.城市、职工.职工号、职工.工资的视图文件,请利用视图设计器完成。

1.8 实验8 程序设计——顺序、分支(选择)程序设计

实验目的：熟悉和掌握最基本的循环程序设计。

实验环境：满足 Visual FoxPro 6.0 及其以上版本所要求的计算机硬件和软件环境。

实验内容：

(1) 计算分段函数值：$f(x)=\begin{cases} 2x-1 & (x<0) \\ 3x+5 & (0\leqslant x<3) \\ x+1 & (3\leqslant x<5) \\ 5x-3 & (5\leqslant x<10) \\ 7x+2 & (x\geqslant 10) \end{cases}$

(2) 学生成绩表文件 STUD.DBF 中有学号(C,6)、姓名(C,6)、数学(N,3)、语文(N,3)、外语(N,3)与平均(N,5,1)等6个字段和若干个记录,其中平均字段值为 0.00,请编制能查找指定学号的学生,若查到则显示其数学及所属等级(优：90～100,良：76～89,及格：60～75,不及格：60 以下),若找不到,则显示"无此学号"。

(3) 从键盘上输入任意三个数,请输出所输的数据的最大的数。

(4) 从键盘上输入任意三个数,请按从小到大的顺序显示输出所输入的数据。

(5) 建立表 XSCJ.DBF,有字段：学号(C4 前两位表示年份,第 3,4 位为专业代码)、FOXPRO(N3)、课程号(C3)、姓名(C8)等字段,并输入5条以上记录,请编写程序 TEST1.PRG 分别统计所有学生和 2002 年入学,专业代码为 03 的学生选修课程号为 101 课程的 FOXPRO 的平均成绩。

(6) 在表 XSCJ.DBF 表中,当输入任意学生的学号则显示学生的记录程序。

（7）编写一程序 PROG.PRG，其功能是根据用户从键盘输入的成绩，给出相应的等级，标准如下：

60 分以下	不及格
60～75	合格
75～85	良好
85～100	优秀

1.9　实验9　程序设计——循环程序设计

实验目的：熟悉和掌握基本的分支程序的程序设计。

实验环境：满足 Visual FoxPro 6.0 及其以上版本所要求的计算机硬件和软件环境。

实验内容：

（1）编制并在屏幕显示输出九九乘法表。

（2）有一张厚度为 0.3mm，面积足够大的纸，将它对折，问对折多少次后，其厚度可达到珠穆朗玛峰的高度（8848m）？

（3）分别计算 200 以内的所用奇数与偶数之和。

（4）分别计算 200 以内所用素数之和，并输出其所用的素数。

（5）从键盘随机输入 20 个数据，请分别按照升序和降序输出所输入的数据。

（6）从键盘输入任意数 n，求该数的阶乘 $n!$。

（7）从键盘上随机输入一个正整数 N，判断该数值是否为素数。

（8）编写一个程序实现功能：首先复制"成绩.DBF"表为"成绩备份.DBF"，然后在"成绩备份.DBF"表中添加一字段：等级 C(6)，然后根据公式：上机成绩×0.3＋理论成绩×0.7＝总评成绩，对每个学生总评成绩按照实验 8 的第 7 中的标准填写"等级"字段。

（9）对学生表，分别统计少数民族男、女学生的人数。

1.10　实验10　程序设计——过程、函数及参数的调用

实验目的：熟悉和掌握自定义函数或子程序的建立、调试、运行操作。

实验环境：满足 Visual FoxPro 6.0 及其以上版本所要求的计算机硬件和软件环境。

实验内容：

按下列计算要求编制自定义函数或子程序。

（1）求 $f(n)=1+2+\cdots+n$。

（2）求组合数：

$$C_m^n = \frac{m!}{n!(m-n)!}$$

（3）求 x 的绝对值。

（4）定义一个判断 n 是否为素数的函数，然后调用该函数求 2～1000 内的全部素数。

1.11 实验11 表单设计与应用——基本表单设计

实验目的：熟悉和掌握表单的基本应用、编辑及运行操作，掌握信息框的使用。

实验环境：满足 Visual FoxPro 6.0 及其以上版本所要求的计算机硬件和软件环境。

实验内容：

（1）设计如图 1-1 所示的一个文本框，其初始值为 1，功能为：当在该文本框上单击鼠标左键时，文本框加一；单击鼠标右键时，文本框减一。

图 1-1 设计文本框

（2）设计一个包含 4 个按钮的选项按钮组，如图 1-2 所示。要求：当按钮组选中 1～4 时，分别用信息框显示春、夏、秋、冬 4 个季节，如图 1-3 所示。

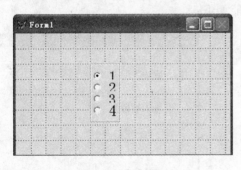

图 1-2 设计按钮

图 1-3 信息框

（3）使用表单设计器建立表单，如图 1-4 所示。要求：建立一个简单封面的表单"简单表单设计. SCX"。

（4）设计一个用户登录表单 PASSW. SCX，如图 1-5 所示。有一用户表 USE. DBF，当用户输入用户名和密码并单击"验证"按钮后检查其输入的用户名和密码是否和用户表中的数据匹配，若匹配，就显示一个对话框并显示"欢迎使用学生信息管理系统"；若不匹配，则显示"用户名或密码不正确！"。单击"退出"按钮则关闭表单（要求将"验证"按钮设置为 Default 按钮。另外，密码输入时显示星号＊）。

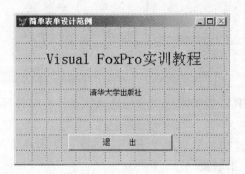

图 1-4　封面表单　　　　　　　　　　　图 1-5　用户登录表单

1.12　实验 12　表单设计与应用——常用表单设计(一)

实验目的：熟悉和掌握表单的基本应用、编辑及运行操作。

实验环境：满足 Visual FoxPro 6.0 及其以上版本所要求的计算机硬件和软件环境。

实验内容：

(1) 设计如图 1-6 所示的加法器,功能为:

① 当输入相应的表达式时,在文本按钮中显示表达式。

② 当按执行按钮时,在文本按钮处显示表达式的结果。

③ 当按清除按钮时,将所输入的内容或计算的结果清除。

④ 当按退出按钮时,将返回命令窗口。

(2) 设计如图 1-7 所示的除法器,其功能如下:

图 1-6　加法器界面　　　　　　　　　　图 1-7　除法器界面

① 当输入相应的表达式时,在文本框中显示表达式。

② 当单击"执行"按钮时,在文本框处显示两个数据相除的结果,当被除数所输入的数据为 0 时,用信息框显示提示信息如图 1-8 所示。

③ 当单击"清除"按钮时,将清除所输入的内容或计算的结果。

④ 当单击"退出"按钮时,将返回命令窗口。

(3) 设计一个表格浏览表单 BROWDBF.SCX,如图 1-9 所示。要求通过单选按钮组选择打开的表,通过复选框确定打开是否用只读方式,确认后使用 BROW 命令打开浏览。

图 1-8 提示信息　　　　　　　　图 1-9 表格浏览表单

1.13 实验 13 表单设计与应用——常用表单设计(二)

实验目的：熟悉和掌握表单的基本应用、编辑及运行操作。

实验环境：满足 Visual FoxPro 6.0 及其以上版本所要求的计算机硬件和软件环境。

实验内容：

(1) 设计如图 1-10 所示的随机选择学生回答问题的表单,功能为:

① 可随机输入抽取学生的学号范围。

② 当单击"请你起来回答问题"命令按钮时,在相应的文本按钮处显示不超出范围的数值。

③ 当单击"清除"按钮时,将清除计算机随机产生的那个学号。

④ 当单击"退出"按钮时,将返回命令窗口。

(2) 设计一个选择查询表单 SEARCH.SCX,如图 1-11 所示。要求表单运行时,可以先在右侧下拉列表框中选择要打开并查询的表的文件(此时,表的字段要自动显示在左侧的列表框内);然后在列表框中选择要输出的字段;最后单击"查询"按钮,显示指定表中的记录在指定字段上的内容。

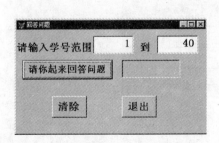

图 1-10 随机选择学生回答问题表单

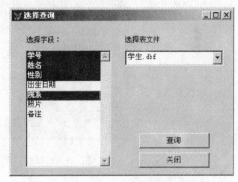

图 1-11 选择查询表单

1.14 实验 14 表单设计与应用——常用表单设计(三)

实验目的：熟悉和掌握表单的相对复杂的应用操作。

实验环境：满足 Visual FoxPro 6.0 及其以上版本所要求的计算机硬件和软件环境。

实验内容：

(1) 设计如图 1-12 所示的计算器,要求:

① 在表单中设置相应的文本按钮和命令按钮,并设置相应的属性。

② 当输入相应的表达式时,在文本按钮中显示表达式的结果。

③ 当单击"计算"按钮时,在文本按钮处显示表达式的结果。

④ 当单击"清除"按钮时,将所输入的内容或计算的结果清除。

⑤ 当单击"返回"按钮时,将退出表单的执行,返回到数据库系统。

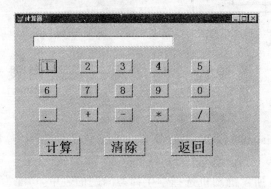

图 1-12　计算器表单

（2）设计一个用于学生成绩的查询表单 GRADE. SCX,当输入某学生的姓名或者学号时,在表单上能输入与之匹配的课程名、成绩和任课老师,并显示平均成绩(理论成绩和上机成绩各占一半组成),若查询成功,显示查询结果,否则,给出信息"没有找到该同学的成绩信息!",可以再次输入新的姓名或者学号查询,如图 1-13 所示的成绩查询表单所示的样式。

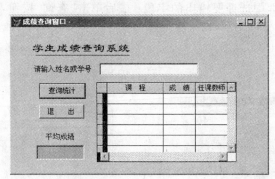

图 1-13　成绩查询表单

1.15　实验 15　表单设计与应用——常用表单设计(四)

实验目的:熟悉和掌握表单的相对复杂的应用操作。

实验环境:满足 Visual FoxPro 6.0 及其以上版本所要求的计算机硬件和软件环境。

实验内容:

（1）设计如图 1-14 的表单及相应的控件,显示表 XSCJ.DBF 相应的数据(请建立该表,字段如表单所示,表的结构根据实际情况设定,并输入至少 5 条记录),要求:

① 单选按钮用于显示性别数据,婚否用复选框显示,用它们来控制表 XSCJ.DBF 中部

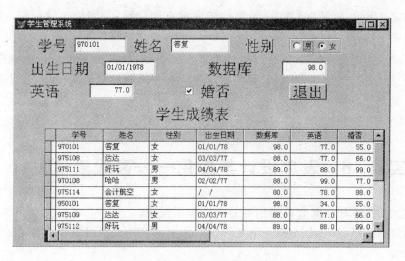

图 1-14 学生管理系统表单

分数据的输入、输出及编辑。

② 设计表格控件，显示每日的记录。

③ 设计一个"退出"命令控件，用于退出表单运行，返回到系统状态。

（2）如图 1-15 所示，在上题的基础上，增加命令按钮控件，完成如下操作：显示、增加、删除表 XSCJ. DBF 相应的数据，要求在实验 13 的基础上，增加如下功能：

图 1-15 添加功能按钮

① 增加命令控件首记录、上一条、下一条、末记录、增加、删除并退出、退出、删除/取消。

② 当单击首记录、上一条、下一条、末记录控件时，能显示相应的记录。如记录指针指向第一条记录时，显示不变。

③ 当单击"增加"控件时，可在表格中增加记录。

④ 当单击"删除/取消"控件时,如当前记录没有删除标记,则做删除标记,否则就取消当前记录的删除标记。

⑤ 当单击"物理删除退出"控件时,屏幕显示对话框提示"确实要将作删除标记的记录物理删除吗?",当单击"确定"按钮时则将物理删除做逻辑删除标记的记录,当单击"取消"按钮时则仅仅退出运行而不删除记录。

⑥ 当单击"退出"按钮时,仅退出运行状态。

1.16 实验 16 表单设计与应用——高级表单设计

实验目的:熟悉和掌握表单的相对复杂的应用操作。

实验环境:满足 Visual FoxPro 6.0 及其以上版本所要求的计算机硬件和软件环境。

实验内容:

(1) 设计如图 1-16 所示的表单,要求:

① 当选择单选按钮组中的"男"后,再单击显示,则在表格中显示 XSCJ. DBF 表的所用性别为"男"的记录(表的数据来源如同实验 15 所建立),当选择单选按钮组中的"女"后,再单击显示,则在表格中显示 XSCJ. DBF 表的所用性别为"女"的记录(表的数据来源如同实验 15 所建立)。

② 当单击"退出"按钮时,结束表单运行。

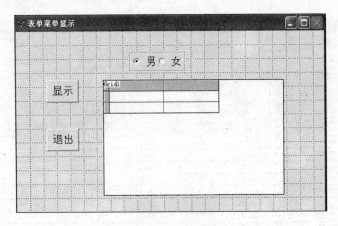

图 1-16 菜单显示表单

(2) 设计一个实用的成绩录入表单 CJ. SCX,可以录入指定学号的成绩,并将其相关信息添加到成绩表中。基本功能如下:第一步,输入学号,单击"验证姓名"按钮,在学生表中查询该学生的姓名并核对,如核对不正确,重新输入学号再验证,若核对正确,横线以下的控件成为有效;第二步,选择课程和录入相关成绩,录入完毕后,单击"确认当前录入"按钮,将相关信息添加到成绩表中,若录入错误,或者成绩已经存在,则给出相关警告信息,要求重新录入;第三步,当录入成绩完毕后,可以单击"录入新成绩"按钮,回到第一步,录入新成绩信息,单击"退出"按钮,关闭表单。图 1-17 为成绩录入表单。

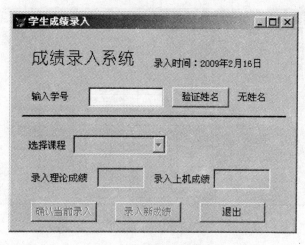

图 1-17 成绩录入表单

1.17 实验 17 菜单设计

目的：熟悉和掌握菜单的基本应用操作。

实验环境：满足 Visual FoxPro 6.0 及其以上版本所要求的计算机硬件和软件环境。

实验内容：

(1) 设计如图 1-18 所示的结构的菜单，要求：

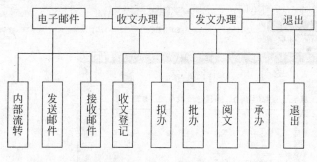

图 1-18 菜单结构

① 当单击二级菜单则以窗口方式显示选中的菜单项，如选中"内部流转"则在窗口中显示"内部流转"。

② 单击"退出"二级菜单，则退出菜单运行。

(2) 设计如图 1-19 所示的菜单表单：即在实验 16 的表单上面添加一个菜单，水平菜单含有数据录入、数据修改、数据查询、数据输出、退出项。请设计数据输入的下拉菜单项有加法器、九九乘法表、除法器等，并设计其选择相应选项则运行相应程序，当单击"退出"则结束执行回到命令窗口状态。

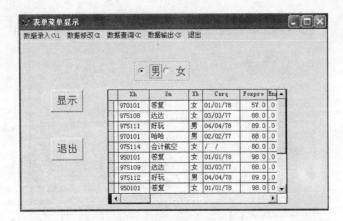

图 1-19　菜单表单

1.18　实验 18　报表设计

实验目的：熟悉和掌握报表设计的编制、调试、运行程序操作。

实验环境：满足 Visual FoxPro 6.0 及其以上版本所要求的计算机硬件和软件环境。

实验内容：

设计如图 1-20 所示的学生基本情况表，要求：

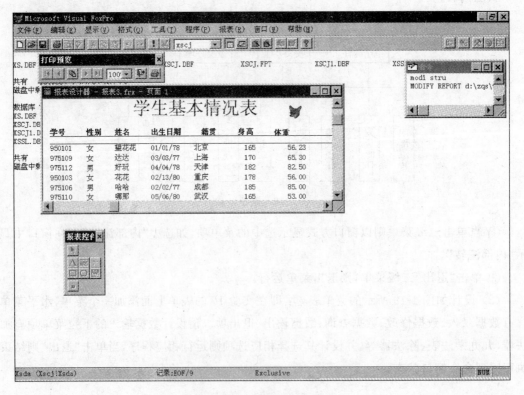

图 1-20　学生基本情况表

（1）建立表 xsda.DBF，结构如表 1-7 所示。

表 1-7 表结构

字　段	字　段　名	类　型	宽　度	小　数	含　义
1	XH	字符型	6	&&	学号
2	XM	字符型	8	&&	姓名
3	XB	字符型	2	&&	性别
4	CSRQ	日期型	8	&&	出生日期
5	JG	字符型	6	&&	籍贯
6	SG	数值型	3	&&	身高
7	TS	数值型	3	&&	体重

并输入至少 5 条记录。

（2）表具有表头，内容为"学生基本情况表"，并插入一个图片。

（3）标题栏的字母字段名处用相应的汉字显示，并在标题的下面显示两条线。

第 2 部分

实验部分参考答案

本部分提供部分实验题目的答案，仅供参考，特别是编程题目，可有多种编程思路，欢迎同学们在做实验时用答案之外其他方法实现实验的要求。答案中也可能有一些错误，欢迎指正。

2.1 实验 1 答案

进入 Visual FoxPro 6.0 或 Visual FoxPro 6.0 及其以上版本，可以看到如图 2-1 所示界面。我们的操作所输入的命令都在命令窗口进行：（进入 FoxPro 的方法可以是"开始"→"程序"→Visual FoxPro 6.0 应用程序；或为以双击桌面上数据库文件夹的执行程序进入）。要求在键入各个函数时，请在按回车键时，先想该函数的结果再按回车键，理解并掌握基本函数及其格式。

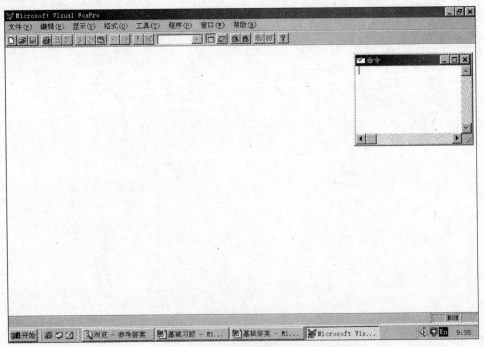

图 2-1 Visual FoxPro 6.0 启动后的界面

2.2　实验 2　答案

（1）在 COMMAND 窗口中依次输入实验内容，仔细观察并掌握内存变量的赋值、显示、保存、调入操作

（2）建立表学生.DBF 的方法

① 方法如下。

方法一：在命令窗口中输入命令：CREATE　学生。

方法二：用菜单方法："文件"→"新建"→"表"，打开如图 2-2 所示。

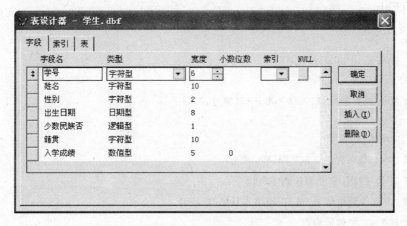

图 2-2　学生.DBF 结构

在表设计器中，输入完所有字段后存盘退出数据库结构输入窗口，可按 CTRL＋W 键存盘或单击 OK 按钮，这样数据库"学生.DBF"的结构就建立完成了（注意字段的类型和宽度）。屏幕提示如图 2-3 所示。

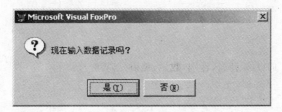

图 2-3　提示信息

如输入数据请选择按钮单击"是"，按屏幕提示输入记录。

可立即输入记录数据的前面 8 条记录。在输入备注字段时可双击 MEM 或按 Ctrl＋PageDown 键，输入完成后按 Ctrl＋W 键退出备注字段的输入；对于相片字段的输入，可进入相片字段双击 MEM 或按 Ctrl＋PageDown 键，图片也可通过剪贴将图标粘贴到 gen 窗口。记录输入完成按 CTRL＋W 键存盘结束记录的输入并退出记录输入窗口。

其余小题操作命令如下：

② USE 学生　　　　　　　　　　　　　　&& 打开表
　　LIST STRU　　　　　　　　　　　　&& 显示表的结构，注意看字段的类型和宽度

```
    LIST                                   && 显示记录
    BROWSE                                 && 浏览记录,可以修改
③  APPEND                                 && 添加记录
    BROWSE NOAPPE NODELE NOEDIT            && 浏览记录,不能添加、删除、编辑
    CHAGE                                  && 改变当前记录
④  REPL 数学   WITH  数学+5 FOR 性别="女"
    BROW
⑤  REPL 英语   WITH 5 FOR 性别="女"
    BROWSE
⑥  GO 5
    REPL 数学   WITH  数学+5
    BROWSE
⑦  GO 5
    DISP
⑧  LOCATE FOR 姓名="汤"
    DISP
⑨  LIST FOR LEFT(学号,1) = "8" OR SUBS(学号,2,1) = "2"
⑩  GO 3
    LIST NEXT
⑪  LIST FOR RECNO()>= 3 AND RECNO()<= 5
⑫  LIST 姓名,性别,学号 FOR 数学<60
⑬  LIST   FOR 少数民族否 OR YEAR(出生日期)<1985
⑭  LIST FOR NOT 少数民族否
⑮  LIST FOR 数学>90 and 少数民族否 OR 数学<60 and 少数民族否 = .F.
⑯  LIST 姓名,性别,数学 * 0.9,出入日期 FOR YEAR(出生日期)<1985
⑰  LIST FOR 少数民族否 = .F. AND RECNO()>= 3
⑱  LIST FOR RIGHT(学号,1) = "5"
```

(3) 操作步骤

① USE   学生
   LIST   STRU

② COPY TO 学生 1   FIELDS 姓名,性别,数学,英语   STRU

③ MODI   STRU

④ COPY TO   学生 2

⑤ USE   学生 2
   DELETE FOR RECNO()>=3 OR   RECNO()<=7
   LIST

⑥ RECAL FOR RECNO()=3
   PACK
   LIST

⑦ USE 学生 1
   APPEND FROM 学生
   BROWSR

⑧ USE　学生
　　COPY TO 学生 3
　　USE　学生 3
　　DELETE FOR MOD(RECNO( ),2)＝0
　　PACK
　　BROW

⑨ COPY TO 学生 4 XLS

2.3　实验 3　答案

1. 操作步骤

（1）USE 学生　　　　　　　　　　　　　　　&& 学生表必须有,且在实验二中已经建立,如
　　　　　　　　　　　　　　　　　　　　　　&& 果没有则需要重新建立

　　　INDEX ON 数学＋外语　TAG CJ DESC　　&& 按照两门课的总成绩降序建立复合索引
　　　LIST NEXT 5　　　　　　　　　　　　　&& 显示总分前 5 名的同学

（2）COUNT TO A FOR 少数民族否　AND 性别＝"女"
　　　?A

（3）计算某人的年龄可以用 YEAR(DATE( ))－YEAR(出生日期)来计算。

　　CALC AVG(YEAR(DATE( ))－YEAR(出生日期)) FOR 性别＝"男" TO NAN
　　CALC AVG(YEAR(DATE( ))－YEAR(出生日期)) FOR 性别＝"女" TO NV
　　?NAN,NV

（4）INDEX ON 学号　TAG　XH　DESC　　　&& 建立以符号降序、标识名为 XH 的复合索引
　　　INDEX ON 姓名＋STR(DATE( )－出生日期)　TAG　XM_CSRQ　DESC

（5）USE 学生
　　　LOCATE FOR 学号＝"240111"　　　　&& 表中必须有该记录,才会显示
　　　DISP
　　　FIND　240111　　　　　　　　　　　&& 请注意看是否有记录显示,主要掌握查询
　　　　　　　　　　　　　　　　　　　　　命令的不同使用方法

　　　SEEK　"240111"
　　　INDEX ON 学号 TAG 学号
　　　FIND　240111
　　　DISP
　　　SEEK　"240111"
　　　DISP

（6）USE 学生
　　　INDEX ON 性别 TAG XB
　　　TOTAL ON 性别 TO 学生 5
　　　USE 学生 5
　　　LIST

（7）USE 学生
　　　INDEX ON RECNO( ) TAG REC DESC
　　　BROW
　　　COPY TO 学生 4
　　　USE 学生 4
　　　BROW

2. 操作步骤

（1）CREATE   SB.DBF

SORT   ON   部门 FOR 价格＞10000   FIELDS 编号,名称,价格,部门 TO   PX1
USE   PX1
LIST

（2）USE   SB

SORT   ON   名称/D,启用日期/D   TO   PX2   FOR 主要设备
USE PX2
LIST

3. 操作步骤

USE   SB.DBF

（1）INDEX ON   编号   TAG   JG
LIST

（2）INDEX ON 名称-DTOC(启用日期)   TAG   BMRQ DESCEND
LIST

（3）INDEX ON   部门＋DTOC(启用日期)TAG BMRQJ   DESCEND
LIST

2.4   实验4   答案

（1）建立 student1.DBF 表,为联接方便,这里采用从学生表中追加输入数据的方法。

```
CREATE   STUDENT1        && 仅仅建立表的字段,即结构,不输入记录
APPEND FROM   学生
BROW                    && 查看表的记录
```

（2）建立学生.DBF 和 student1.DBF 关于学号字段关联,并用 student1.DBF 中的数学、外语修改学生.DBF 的对应字段。

```
CLOSE ALL
SELECT 2
USE STUDENT1
INDEX ON 学号   TAG XH
SELECT 1
USE 学生
SET RELATION TO 学号   INTO B
REPL   ALL 数学 WITH B.数学,外语 WITH   B.外语
BROW
```

（3）用学生.DBF 中的姓名字段修改 student1.DBF 表中的对应字段,用 UPDATE 命令。

```
CLOASE ALL
SELECT 2
USE   学生
INDEX ON 学号 TAG XH
SELECT 1
USE STUDENT1
UPDATE ON 学号 FROM B REPL 姓名 WITH B.姓名
BROW
```

（4）将学生.DBF和STUDENT1.DBF联接为CJ.DBF。

```
CLOSE ALL
SELECT 2
USE STUDENT1.DBF
SELECT 1
USE 学生
JOIN WITH B TO CJ   FOR   A.学号＝B.学号 FIELD A.学号,A.姓名,B.数学,;
B.物理,B.外语,B.计算机
```

（5）操作步骤

① 修改 student1.DBF 表的结构,将学号改为 BH 字段,字段属性和宽度不变。

```
CLOSE ALL
USE
student1.DBF
MODI STRU
```

② 建立两个表的关联。

```
CLOSE ALL
SELECT 1
USE  学生
SELECT 2
USE STUDENT1
SET ORDER TO BH            && 必须已经建立了复合索引,且标识名为 BH
SELECT 1
SET RELATION TO  学号 INTO B
```

③ 查询两个表中的对应字段的内容。

```
LIST 姓名,出生日期,性别,B.数学,B.物理,B.外语,B.计算机
```

2.5　实验5　答案

（1）用实验2所示的方法按要求建立4个自由表。

（2）建立 XSCJ.DBC 数据库,可以使用菜单或命令方法。

① 使用命令方法:在 Visual FoxPro 命令窗口中输入命令:

```
CREATE DATABASE XSCJ
```

② 使用菜单操作:在菜单栏选择"文件"→"新建"→"数据库"→"新文件",在对话框中输入数据库名 XSCJ。

数据库建立好后,在命令窗口输入命令:

```
MODI DATA
```

出现"入学"窗口,在数据库窗口的空白处右击,在快捷菜单中选择"添加表",将4个自由表添加到数据库中,如图2-4所示。

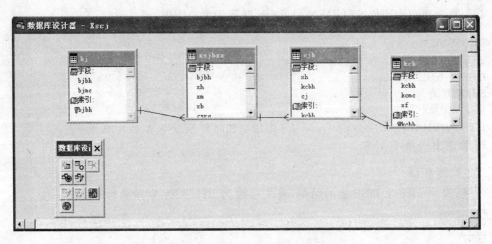

图 2-4　将 4 个自由表添加到数据库

（3）在 XSCJ.DBC 中建立永久关联。

① 建立索引。

BJ.DBF：BJBH——主索引
XSJBXX.DBF：XH——主索引
　　　　　　BJBH——普通索引
CJ.DBF：XH——普通索引
　　　　KCBH——普通索引
KCB.DBF：KCBH——主索引

方法是：选中需要建立索引的表，在相应字段的索引处选择升序和降序，再单击菜单"索引"，选择索引类型，全部设置完成，单击"确定"按钮。

② 在表之间建立永久关联的方法如下：

将每个表的下拉滚动条向下拉，看到相应的索引标志，由每个表的主索引向相应的普通索引拖动，就可完成如图 2-5 所示的永久关联。

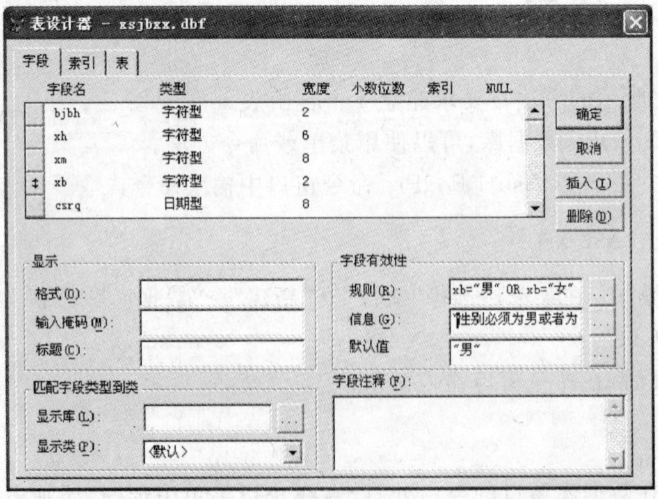

图 2-5　字段有效性设置

（4）数据库表的数据完整性设置。

① 在 XSCJ.DBC 数据库中,设置 XSJBXX.DBF 中 xb 字段的有效性规则的方法是:首先选中 XXJBXX.DBF 表,单击右键,选择"修改"。如图 2-5 所示,单击 xb 字段,在有效性规则中输入 xb="男" OR xb="女",错误提示信息为"性别必须为男或者为女",默认值设置为"男",也可以选择对话框进行操作。

② 在 CJB.DBF 表中设置记录有效性规则的方法是:选中 CJB.DBF,单击右键,选择"修改",再选择"表"选项卡,如图 2-6 所示在记录有效性中设置"规则"和"信息"。

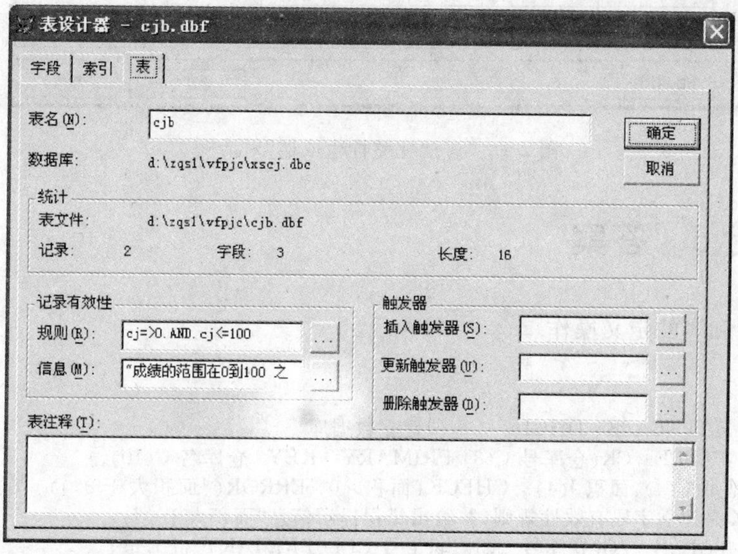

图 2-6　记录有效性设置

（5）设置两个关系的参照完整性。

操作步骤如下:

① 在命令窗口运行命令:

```
OPEN DATA XSCJ          && 打开数据库
MODIFY DATA             && 修改数据库
```

或者用菜单方式先以"独占"方式打开数据库,启动"数据库设计器"。

② 选择"数据库"菜单下的"清理数据库"命令,将数据库表中作删除标记的记录清除掉。

③ 选择"数据库"菜单下的"编辑参照完整性"命令,弹出"参照完整性生成器"对话框,如图 2-7 所示。

④ 此时,在对话框上部分可以看见针对每一个关系设置的规则,下部表格中显示的是当前数据库中的所有关系。首先在表格中,单击要设置参照完整的关系"KCB-CJB",然后选择"更新规则"选项卡,单击"级联"单选按钮,将"更新规则"设置为"级联";使用同样的方法将"删除规则"设置为"级联",将"插入规则"设置为"限制"。

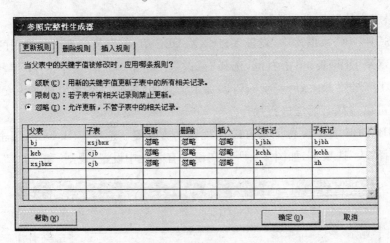

图 2-7 "参照完整性生成器"对话框

2.6 实验 6 答案

1. 数据库和表的定义操作

(1)

```
CREATE   DATABASE  DHGL    && 建立数据库
CREATE   TABLE  CK(仓库号 C(3) PRIMARY  KEY ,仓库名 C(10),;
        地址 C(4),面积 I(4)  CHECK(面积>0) ERROR("面积大于 0"))  && 建立仓库表,
&&CHECK 是建立字段有效性规则,并给出错误提示信息"面积大于 0"
CREATE   TABLE  ZG(仓库号 C(3),职工号 C(4) PRIMARY  KEY,;
        职工名 C(8),年龄 N(3) CHECK (年龄>=16 AND 年龄<=60),;
        基本工资 Y  CHECK(基本工资<=10000) DEFAULT 1200,;
        FOREIGN  KEY 仓库号  TAG 仓库号  REFERENCES  CK)
```

提示:DEFAULT 是指定默认值,FOREIGN KEY…REFERENCES 以职工号为关键字,建立了与 CK 表的永久关系。

```
CREATE   TABLE  DHD(职工号 C(4),订货单号 C(4) NULL,;
        订货日期 D,订货金额 Y)  && NULL 表示允许为空
```

(2) 为每个表添加至少 4 条记录,通过 SQL 的数据操纵,向表中添加数据。添加数据的方式很多,既可以通过表设计器完成,又可以通过 APPEND 这样的命令完成,这里只给出 SQL-INSERT 方的有限操作序列。

操作步骤如下:

```
INSERT  INTO  CK  VALUES("CK1","小园机电仓库","北京",1000)
INSERT  INTO  CK(仓库号,地址) VALUES("CK2","重庆")
INSERT  INTO  ZG  VALUES("CK1","Z001","张正林",32,1200.0000)
```

说明:数据的插入操作格式单一,要求字段和数据之间保持:顺序一致、数目一致和类型一致,当表名后没有字段列表的时候,说明插入全部字段的值。使用其他方法也可以。

(3) 表结构的修改。

① ALTER TABLE ZG ADD 出生日期 D

ALTER　TABLE　ZG　ADD 奖金　Y

ATLER　TABLE　ZG　REMANE COLUMN 基本工资　TO　工资

② ALTER　ATBLE　CK　ALTER 面积　N(5,1)

ALTER　TABLE　CK　ADD　UNIQUE　仓库号＋地址 TAG　EMP

2. 数据的查询操作

(1) 基本查询方法,按照要求写出以下查询的 SQL 语句,单表操作。

① SELECT 学号,姓名,性别,出生日期;

FROM　学生　WHERE　YEAR(出生日期)<1984

② SELECT 学号,理论成绩,上机成绩;

FROM 成绩　WHERE 理论成绩 BETWEEN 80 AND 100

③ SELECT 学号,(理论成绩＊0.5＋上机成绩＊0.5) AS　成绩;

FROM 成绩　ORDER BY　2　DESC

④ SELECT 学号,AVG(理论成绩＋上机成绩) AS 平均成绩;

FROM 成绩 GROUP　BY　学号;

INTO TABLE 平均成绩表

⑤ SELECT 姓名,性别,院系 FROM　XS　WHERE 姓名 LIKE　"张％"

(2) 多表查询,查询的数据或者条件在两个或者两个以上的表中,多表操作。

① SELECT　课程名 COUNT(＊)AS　学生人数; FROM 成绩,课程;

WHERE 成绩.课程号＝课程.课程号 GROUP BY 成绩.课程号

② SELECT 姓名,课程名,上机成绩,理论成绩 FROM 学生,成绩,课程;

WHERE 学生.学号＝成绩.学号 AND 成绩.课程号＝课程.课程号

③ SELECT　A.＊　FROM 学生 A,学生 B;

WHERE　A.出生日期<B.出生日期 AND B.姓名＝"杨乐"

(3) 查询的嵌套,以下操作以"订货管理"数据库表为操作数据。

① SELECT　＊　FROM　ZG　WHERE 工资>(SELECT AVG(工资) FROM　ZG)

② SELECT　＊　FROM　CK　WHERE 仓库号 IN;

(SELECT 仓库号 FROM　ZG　WHERE 工资>1220)

③ SELECT ＊ FROM　CK　WHERE NOT EXISTS;

(SELECT ＊ FROM　ZG　WHERE 仓库号＝仓库.仓库号)

SELECT ＊ FROM CK　WHERE 仓库号 NOT IN (SELECT 仓库号 FROM　ZG)　&&.方法二

④ SELECT DIST 仓库号 FROM　ZG　WHERE 工资>=ANY;

(SELECT 工资 FROM　ZG　WHERE 仓库号＝"WH1")　&&.方法一

SELECT DIST 仓库号 FROM　ZG　WHERE 工资>=;

(SELECT MIN(工资) FROM　ZG　WHERE 仓库号＝"WH1")　&&.方法二

3. 数据的修改操作

(1) UPDATE　成绩　SET 上机成绩＝上机成绩＋10　WHERE　课程号＝;

(SELECT　课程号　FROM 课程 WHERE 课程名＝＝"C语言程序设计")

(2) UPDATE　ZG　SET 奖金＝奖金＋8000　WHERE　职工号 IN;

(SELECT 职工号 FROM　DHD;

GROUP BY 职工号 HAVING SUM(订货金额)>=100000)

(3) DELETE　FROM　成绩;

WHERE　(ISNULL(理论成绩)AND ISNULL(上机成绩))OR;

(ALLT(STR(理论成绩))＝＝"" AND ALLT(STR(上机成绩))＝＝"")

（4）DELETE FROM ZG WHERE 职工号 NOT IN；
　　　　（SELECT 职工号 FROM DHD）

2.7 实验 7 答案

实验所用的表仓库、职工、订购、供应商在实验 6 已经建立，且它们的相互关系也已经建立，方法可像实验 6 所示。如没有相应的表及其联系，请先建立。

1. 操作步骤如下：

```
OPEN DATABASE 订货管理    && 打开数据库
MODIFY DATABASE          && 进入数据库设计器窗口
```

用查询设计器进行操作，查询设计器的操作可以用菜单命令"文件"→"查询"或在命令窗口中运行命令 CREATE QUERY，打开"添加表或视图"对话框（如图 2-8 所示），选择职工和仓库表。

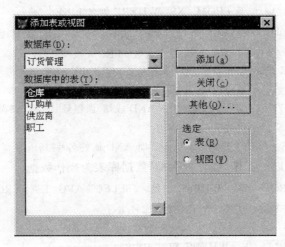

图 2-8　添加表或视图

选择完表后，就进入如图 2-9 所示的查询设计器，在查询设计器中，默认的联系已经建立，分别在"字段"项中选择可用字段即可，再单击工具栏的"！"就可见查询结果。单击工具栏的"保存"按钮或按快捷键保存结果，则查询完成。

实验的 2～4 方法同上，只是有的需要选择条件如筛选、排序依据、分组依据中有所区别。

5. 操作步骤如下：

利用视图设计器建立视图文件的方法与查询设计器建立查询文件的方法类似。视图设计器的操作可以使用菜单命令"文件"→"查询"或在命令窗口中运行命令 CREATE VIEW，打开如图 2-10 所示的"添加表或视图"对话框，选择职工和仓库表，选择完成后单击"关闭"按钮就进入如图 2-11 所示的视图设计器进行操作，操作方法与查询设计器类似，此处不再赘述。

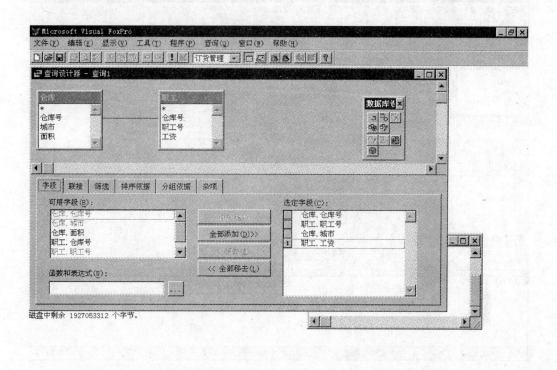

图 2-9　查询设计器

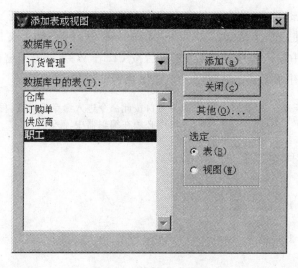

图 2-10　添加表或视图

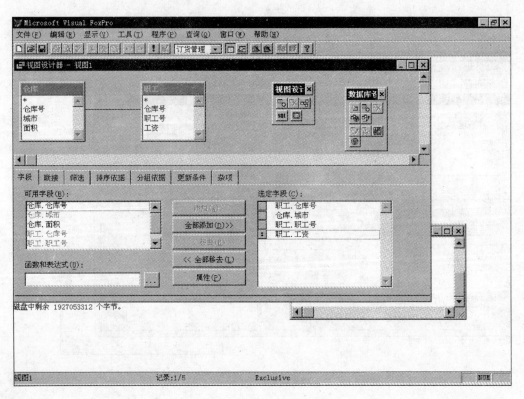

图 2-11　视图设计器

2.8　实验 8　答案

（1）进入程序编辑器，一种方法是在命令窗口中运行命令"MODIFY COMMAND 文件名"；另一种方法是使用菜单命令："文件"→"新建"→"程序"→输入文件名，就进入程序编辑器，在程序编辑器中输入程序的内容，完成后按 Ctrl＋W 键或关闭窗口，在命令窗口中运行命令"DO 文件名"并按 Enter 键就可看到程序执行的结果。

```
MODIFY COMM FX              && 在命令窗口按此命令进入命令编辑器,程序中不能有此句
  SET TALK OFF             && 以下程序必须在编辑器中输入
  CLEAR
  INPUT "请输入自变量 X 的值: "  TO X
  DO CASE
    CASE X＜0
      Y＝2＊X－1
    CASE X＜3
      Y＝3＊X＋1
    CASE X＜5
      Y＝X＋1
    CASE X＜10
      Y＝5＊X－3
    OTHER
  Y＝7＊X＋2
```

```
      ENDCASE
      ?"当 X 的值为"+ALLT(STR(x))+"时 Y 的值为"+ ALLT(STR(Y))
   SET  TALK ON
   RETURN              && 程序编完按 Ctrl+W 键存盘后,在命令窗口运行或用菜单方式运行
```

(2) 说明:必须首先建立 STUD.DBF 表,并输入若干条记录,再编程。

```
MODIFY COMMAND  STUD  && 在命令窗口中输入
CLEAR
SET TALK OFF
USE STUD.DBF
COPY TO TEMP.DBF
   USE TEMP.DBF
REPLACE ALL 平均 WITH (数学+语文+外语)/3
INDEX ON 学号 TAG XH
@8,9 SAY "输入待查询的学生学号:" GET A DEFAULT SPACE(5);
    PICTURE "99999"   && 输入学号,在表中该字段的宽度为 5 个字符
 READ
 SEEK   A
 IF FOUND()
  DO CASE
   CASE 数学>=90
     @9,9 SAY "优"+学号+STR(数学,6,2)
   CASE 数学>=76
     @10,9 SAY "良"+学号+ STR(数学,6,2)
   CASE 数学>=60
     @11,9 SAY "及格"+学号+ STR(数学,6,2)
   OTHERWIZE
     @12,9 SAY "不及格"+学号+ STR(数学,6,2)
  ENDCASE
 ELSE
  WAIT "不存在该记录!!"  WINDOW TIMEOUT 5
 ENDIF
CLOSE ALL
DELE  FILE  TEMP.DBF
SET SAFETY ON
SET TALK ON
```

(3) 操作步骤

```
MODIFY COMMAND BIG
SET TALK OFF
CLEAR
STORE 0 TO A,B,C
@2,5 SAY "请输入第一个数据到变量 A 中:"   GET A
@3,5 SAY "请输入第二个数据到变量 B 中:"   GET B
@4,5 SAY "请输入第三个数据到变量 C 中:"   GET C
READ
MAX=A
IF MAX<B
  MAX=B
ENDIF
```

```
IF MAX<C
   MAX=C
ENDIF
@5,5 SAY "三个数据中最大的数据为"+ALLTRIM(STR(MAX))
SET TAL ON
RETURN
```

（4）操作步骤

```
MODIFY COMMAND BIG
SET TALK OFF
CLEAR
STORE 0 TO A,B,C
@2,5 SAY "请输入第一个数据到变量 A 中："   GET A
@3,5 SAY "请输入第二个数据到变量 B 中："   GET B
@4,5 SAY "请输入第三个数据到变量 C 中："   GET C
READ
MAX=MAX(A,B,C)
MIN=MIN(A,B,C)
DO CASE
    CASE   MAX>A  AND   A>MIN
      MID=A
    CASE   MAX>B  AND   B>MIN
      MID=B
    CASE   MAX>C  AND   C>MIN
      MID=C
ENDCASE
@5,5 SAY "三个数据从小到大的顺序为："+STR(MIN)+STR(MID)+STR(MAX)
SET TAL ON
RETURN
```

（5）操作步骤

```
MODI COMM   QIBU
SET TALK   OFF
CLEAR
USE XSCJ
AVERAGE FOXPRO TO 全部
AVERAGE FOXPRO TO 部分 FOR SUBS(学号,1,2)="02" AND ;
SUBS(学号,3)="03" AND 课程号="101"
?"全部 FOXPRO 的平均成绩为：",全部
?"2002 年入学,专业代码为 03 的学生选修课程号为 101 的课程 FOXPRO 的平均成绩",部分
USE
SET TALK ON
RETURN
```

（6）操作步骤

```
MODI COMM CHAXUN
SET TALK   OFF
CLEAR
```

```
USE XSCJ
ACCEPT "请输入查询学生的学号："  TO  XH
LIST  FOR 学号＝XH
USE
SET TALK ON
RETURN
```

(7) 操作步骤

```
MODIFY COMM  PROG.PRG
&& 方法一
CLEAR
INPUT "请输入学生的成绩："  TO  CJ
DO CASE
    CASE  CJ＜60
        ?"不及格"
    CASE  CJ＜75
        ?"合格"
    CASE  CJ＜85
        ?"良好"
    CASE  CJ＜＝100
        ?"优秀"
    OTHERWISE
        ?"分数超过 100 分了!"
ENDCASE
```

```
&& 方法二
CLEAR
INPUT "请输入学生的成绩："  TO  CJ
IF CJ＜75
    IF CJ＜60
        ?"不及格"
    ELSE
        ?"合格"
    ENDIF
ELSE
    IF CJ＜85
        ?"良好"
    ELSE
        IF CJ＜＝100
            ?"优秀"
        ELSE
            ?"分数超过 100 分了!"
        ENDIF
    ENDIF
ENDIF
```

2.9 实验 9 答案

(1) 编制并在屏幕显示输出九九乘法表。

```
MODIFY  COMMAND  JJB.PRG
 SET TALK OFF
 CLEAR
 FOR X＝1 TO 9
  ?SPACE(2)
   FOR Y＝1 TO X
    S＝X＊Y
    ??STR(X,1)＋' ＊ '＋STR(Y,1)＋'＝'＋STR(S,2)＋SPACE(2)
   ENDFOR
ENDFOR
SET TALK ON
RETURN
```

(2) 有一张厚度为 0.3mm,面积足够大的纸,将它对折,问对折多少次后,其厚度可达到珠穆朗玛峰的高度(8848m)?

```
MODI COMM   DZ
CLEAR
SET TALK ON
N=0        && 累加器
H=0.3      && 初值
DO WHILE H<8848*1000
   N=N+1
   H=H*2
ENDDO
?"对折次数=",N
?"最后的厚度=",H
SET TALK OFF
RETURN
```

(3) 分别计算 200 以内的所有奇数与偶数之和。

```
MODI COMM   JOH
SET TALK OFF
CLEAR
JS=0
OU=0
N=1
DO WHILE N<=200
  IF   MOD(N,2)=0
    OU=OU+N
  ELSE
    JS=JS+N
  ENDIF
  N=N+1
ENDDO
?"1~200 的偶数和为",OU
?"1~200 的奇数和为",JS
SET TALK ON
RETURN
```

(4) 分别计算 200 以内所用素数之和。

```
MODI COMM SSH
SET TALK OFF
CLEAR
S=0
FOR J=3 TO 200 STEP 2
  BZ=.T.
  FOR K=2 TO J-1
    IF J/K=INT(J/K)
       BZ=.F.
       EXIT
    ENDIF
  ENDFOR
  IF   BZ
     S=S+J
     ??J
```

```
    ENDIF
ENDFOR
?"所用的素数的和为："S
SET TALK ON
RETURN
```

（5）从键盘随机输入 20 个数据，请分别按照升序和降序输出所输入的数据。

```
MODI COMM   PX20
SET TALK OFF
CLEAR
DIMEN   A(20)
A=0
FOR J=1 TO 20
  @10,10 SAY "请输入第"＋str(j,2)＋"个数据："   GET A(J)
  READ
ENDFOR
=ASORT(A)
@12,10 SAY "所输入的数据的升序为："
?
FOR J=1 TO 20
 ??A(J)
 IF   MOD(J,5)=0
    ?
 ENDIF
ENDFOR
=ASORT(A,1,20,2)
@20,10 SAY "所输入的数据的降序为："
?
FOR J=1 TO 20
 ??A(J)
 IF   MOD(J,5)=0
    ?
 ENDIF
ENDFOR
SET TALK ON
RETURN
```

（6）从键盘输入任意数 n，求该数的阶乘 $n!$。

```
MODI COMM JIECH
SET TALK OFF
CLEAR
INPUT "请输入求阶乘的数据："   TO N
S=1
FOR   J=1 TO   N
  S=S＊J
ENDFOR
?N,"！=",S
SET TALK ON
RETURN
```

（7）从键盘上随机输入一个正整数 N，判断该数值是否为素数。

```
SET TALK OFF
CLEAR
INPUT "请输入数据："  to a
n＝int(sqrt(a))
for j＝2 to n
    if mod(a,j)＝0
        ?a,"不是素数"
        return
    endif
  endfor
?a,"是素数!"
set talk off
return
```

（8）方法可以用 SQL 语言或者循环分支方式：首先必须建立成绩. DBF 表，并输入若干条记录，再编写如下程序。

方法一：用 SQL 语句实现。

```
SELECT  *  FROM  成绩 INTO  DBF 成绩备份
ALTER TABLE 成绩备份 ADD COLUMN 等级 C(6)
总评成绩＝上机成绩＊0.3＋理论成绩＊0.7
UPDATE 成绩备份 SET 等级＝"不及格"  WHERE 总评成绩＜60
UPDATE 成绩备份 SET 等级＝"合格"  WHERE 总评成绩>=60 AND 总评成绩＜75
UPDATE 成绩备份 SET 等级＝"良好"  WHERE 总评成绩>=75 AND 总评成绩＜85
UPDATE 成绩备份 SET 等级＝"优秀"  WHERE 总评成绩>=85 AND 总评成绩<=100
```

方法二：编程实现。

＊参考程序：PROG4-7. PRG

```
USE 成绩
COPY TO 成绩备份   && 复制"成绩"表到"成绩备份"表
ALTER TABLE 成绩备份 ADD 等级 C(6)   && ALTER-SQL 添加"等级"字段
USE 成绩备份
DO WHILE NOT EOF()
    CJ＝上机成绩＊0.3＋理论成绩＊0.7
    DO CASE
        CASE  CJ＜60
            REPLACE  等级 WITH "不及格"
        CASE  CJ＜75
            REPLACE  等级 WITH "合格"
        CASE  CJ＜85
            REPLACE  等级 WITH "良好"
        CASE  CJ<=100
            REPLACE  等级 WITH "优秀"
    ENDCASE
    SKIP
ENDDO
BROWSE
```

USE

（9）对学生表，分别统计少数民族男、女学生的人数。

　方法一：用 SQL 语句实现。

SELECT COUNT(＊) AS 少数民族男生人数 FROM 学生；
WHERE 少数民族否＝.T. AND 性别＝'男'
SELECT COUNT(＊) AS 少数民族女生人数 FROM 学生；
WHERE 少数民族否＝.T. AND 性别＝'女'

　方法二：编程实现。

　＊参考程序：PROG4-6.PRG

```
CLEAR
STORE 0 TO x,y
USE 学生
SCAN FOR 少数民族否
    IF 性别＝"男"
        x＝x＋1
    ELSE
        y＝y＋1
    ENDIF
ENDSCAN
?"少数民族男生有："＋STR(x,2)＋"人"
?"少数民族女生有："＋STR(y,2)＋"人"
USE
RETURN
```

2.10　实验 10　答案

1. 求 $f(n)＝1＋2＋\cdots＋n$。

```
MODIFY  COMMAND  LEIJIA.PRG
SET TALK OFF
CLEAR
DO WHILE .T.
 @3,10 SAY "请输入需要求累加和的最大数：" GET  N DEFA 5
  READ
 @4,10  say  "1＋2＋3＋…＋"＋ALLTRIM(STR(N))＋"＝"
  ??SUMADD(N)
 @5,10 SAY "是否继续(y/n)?"  GET  Y  DEFA  .N.
  READ
 IF  NOT  Y
   EXIT
 ENDIF
ENDDO
RETURN
FUNCTION  SUMADD
```

```
PARAMETER  A
S=0
FOR  N=1  TO  A
    S=S+N
ENDFOR
RETURN  S
```

2. 求组合数：$C_m^n = \dfrac{m!}{n!(m-n)!}$

```
MODIFY COMMAND  ZHUHE.PRG
SET TALK OFF
CLEAR
STORE 2 TO M,N
DO WHILE  .T.
   @2,5 SAY '请输入上标：' GET N DEA 2
   @3,5 SAY '请输入下标：' GET M VALID(M>N) DEFA 6
   @4,21 SAY  SPACE(50)
   READ
   X=JIEMUL(M)/(JIEMUL(N) * JIEMUL(M-N))
   @4,5 SAY "组合数的结果为："
      ??X
   L=.N.
   @5,5 SAY "是否继续(y/n)："   GET  L
   READ
   IF  NOT  L
       EXIT
   ENDIF
ENDDO
RETURN
FUNCTION  JIEMUL
PARAMETER  A
S=1
FOR J=1 TO  A
  S=S * J
ENDFOR
RETURN  S
```

3. 求 x 的绝对值。

```
MODIFY COMMAND   JUEDUI.PRG
SET TALK OFF
DO WHILE .T.
   CLEAR
   INPUT   "请输入需求绝对值的原数 X："   TO  X
   ? "当 X="+ALLTRIM(STR(X))
   ?"它的绝对值为："+ALLTRIM(STR(TAO(X)))
   WAIT   "是否继续(Y/N)?"  TO  Y  WINDOW
   IF UPPER(Y)="N"
      EXIT
```

```
      ENDIF
    ENDDO
    FUNCTION TAO
    PARAMETER  X
    IF X<0
       X=-X
    ENDIF
    RETURN  X
```

4. 参考程序

```
  * PRIME.PRG  判断 n 是否素数的函数
  PARAMETERS n
  flag=.T.
  k=INT(SQRT(n))
  j=2
  DO WHILE j<=k .AND. flag
      IF n%j=0
          flag=.F.
      ENDIF
      j=j+1
  ENDDO
  RETURN flag
  * 4-12.PRG   调用 PRIME 函数求 2~1000 内所有的素数
  FOR I=2 TO 1000
      IF PRIME(I)
          ?I
      ENDIF
  ENDFOR
  RETURN
```

2.11 实验 11 答案

(1) 进入表单操作的方法如下：

方法一：在命令窗口中运行命令"MODIFY FORM jj"。

方法二：使用菜单命令"文件"→"新建"→"表单"→"新建文件"。

在表单计数器的界面设计 1 个文本框，控件属性如表 2-1 所示。

表 2-1 控件属性

控　件	属　性	属　性　值
表单	Caption	简单表单操作
文本框	Value	1

如图 2-12 所示，选中文本框，右击并选择"代码"，为该对象写过程 Click 的代码如下：

THISFORM.TEXT1.VALUE= THISFORM.TEXT1.VALUE+1

再为该对象写过程 RightClick 的代码为：

THISFORM.TEXT1.VALUE= THISFORM.TEXT1.VALUE-1

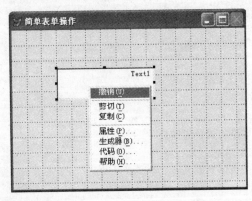

图 2-12　为文本框添加代码

当以上操作设置完后，保存并运行，方法如下：

方法一：单击工具栏中的"！"按钮。

方法二：在命令窗口中运行命令"DO FORM　jj"。

（2）进入表单设计器。在表单中添加一个选项按钮组，其主要属性如表 2-2 所示。

表 2-2　选项按钮属性

控　件	属　性	属 性 值
Optiongroup1	Buttoncount	4
	Autosize	. t.
Option1	Caption	1
	Fontsize	18
Option2	Caption	1
	Fontsize	18
Option3	Caption	1
	Fontsize	18
Option4	Caption	1
	Fontsize	18

选中选项按钮组，右击并选择"代码"，即为对象 optiongroup1，写过程 Click，代码如下：

```
do case
    case  thisform.optiongroup1.option1.value=1
        messagebox("现在是春天")
    case  thisform.optiongroup1.option2.value=1
        messagebox("现在是夏天")
    case  thisform.optiongroup1.option3.value=1
        messagebox("现在是秋天")
    case  thisform.optiongroup1.option4.value=1
        messagebox("现在是冬天")
endcase
```

保存并运行该表单。

（3）操作步骤。

① 选择"文件"→"新建"命令，然后在弹出的"新建"对话框中选择"表单"，再单击"新建文件"按钮，出现如图 2-13 所示的表单设计器主界面，界面包括三部分：表单、常用控件工具栏和属性对话框等。

图 2-13　表单设计器-主界面

② 确定控件类型和布局：两个标签 Label1、Label2，一个命令按钮 Command1，并摆放到适当位置。

③ 通过属性对话框，按表 2-3 所示设置相关控件的属性。

表 2-3　简单表单设计属性设置表

控　件	属　性	属　性　值
Form1	Caption	简单表单设计范例
Label1	Caption	Visual FoxPro 实训教程
	FontSize	18
	BackStyle	0-透明处理
Label2	Caption	清华大学出版社
Command1	Caption	确认

④ 双击命令按钮，在出现的代码编辑框内，添加 Command1 的 Click 事件代码：

Thisform. release

⑤ 单击"文件"→"保存"命令，在用户磁盘上保存该表单为"简单表单设计.SCX"；然后单击"!"按钮，运行该表单，单击"退出"按钮终止运行。

在运行调试过程中，要修改表单，单击"文件"按钮，选择"打开"对话框，选择打开表单文件,选定该文件后,选择打开,就可以重新编辑修改。

（4）操作步骤。

① 建立用户信息表 USE. DBF,用于存储需要验证的用户名和密码信息,表的内容如表 2-4 所示（均为字符型数据）。

② 添加控件和属性设置。进入"表单设计器",在表单上放置 Label1、Labe2;文本框 Text1、Text2,分别用于输入用户名和密码;命令按钮 Command1、Command2,分别实现"验证"和"退出"操作,表单控件属性如表 2-5 所示。

表 2-4　用户信息表（USE. DBF）

IDNAME	ID
hejin	123456
王平	abcdef
myuser	Tian00

表 2-5　密码验证表单属性设置

控　件	属　性	属　性　值
Form1	Caption	密码验证
Label1	Caption	用户名
Label2	Caption	密码
Command1	Caption	验证
Command2	Caption	退出
Text2	PasswordChar	*

③ 添加数据环境。鼠标移动到表单的空白处,右击,在快捷菜单中选择"数据环境",在出现的对话框中选择表 USE. DBF,对象名为 DataEnvironment. Cursor1,可以添加多个数据对象。

④ 编写控件的事件代码。双击相关控件,添加事件代码。

Command1（验证按钮）的 Click 事件代码如下:

```
SELECT   (Thisform. DataEnvironment. Cursor1. Alias)
* 打开数据环境中添加的表,若数据环境中只有一个表,可以省略该命令
X1＝allt(Thisform. text1. value)
X2＝ allt(Thisform. text1. value) && 将获得的用户名和密码数据存储到变量 X1、X2
LOCATE   ALL   FOR idname＝X1 AND id＝X2   && 和用户表中的数据匹配比较
IF FOUND()
     MessageBox("欢迎使用学生信息管理系统","欢迎窗口")
     ThisForm. release
ELSE
     MessageBox("告警!用户名或密码不正确","警告窗口")
     ThisForm. release
ENDIF
```

Command3（退出按钮）的 Click 事件代码如下:

```
ThisForm. release
```

⑤ 运行调试,保存表单为 PASSW. SCX,然后运行表单,注意,在比较过程中,数据类型的匹配,在这里,都默认为字符类型,若类型不一致,需要转换。

2.12　实验 12　答案

（1）进入表单设计器的界面，在表单中添加如表 2-6 所示的控件及它们的属性。

表 2-6　控件属性

控　　件	属　　性	属　性　值
表单	Caption	加法器
标签 1	Caption	请输入加数
标签 2	Caption	请输入被加数
命令 1	Caption	执行
命令 2	Caption	清除
命令 3	Caption	退出
设计三个文本框	所有属性不变	

为各个命令按钮的 Click 事件写如下代码。

执行：

thisform.text3.value＝val(thisform.text1.value)＋val(thisform.text2.value)

清除：

thisform.text1.value＝''
thisform.text2.value＝''
thisform.text3.value＝''

退出：

thisform.release

（2）操作步骤。

进入表单设计器的界面（同加法器），添加相应的控件和它们的属性，主要不同的控件属性如表 2-7 所示。

表 2-7　计算控件属性

控　　件	属　　性	属　性　值
表单	Caption	除法器
标签 1	Caption	请输入除数
标签 2	Caption	请输入被除数
命令 1	Caption	执行
命令 2	Caption	清除
命令 3	Caption	退出
文本框 1	Value	0
文本框 2	Value	0
文本框 3	Value	文本
	readonly	.T.

为各个命令按钮编写如下 Click 事件的代码。

执行：

```
if thisform.text2.value=0
    messagebox("除数不能为零,请重新输入数据!")
else
    thisform.text3.value=thisform.text1.value/thisform.text2.value
endif
```

清除：

```
thisform.text1.value=0
thisform.text2.value=0
thisform.text3.value=' '
```

退出：

```
thisform.release
```

（3）操作步骤。

① 添加控件和属性设置。新建表单,在表单中放置单选按钮组 OpenGroup1〔注意,在布局的时候,可以调整位置成为横向布局〕,复选框 Check1,命令按钮 Command1、Command2。表单属性设置见表 2-8。

表 2-8　表格浏览表单属性设置表

控　件	属　性	属 性 值
Form1	Caption	浏览
OpenGroup1	Buttoncount	3
Option1	Caption	学生表
Option2	Caption	成绩表
Option3	Caption	课程表
Command1	Caption	确认
Command2	Caption	取消
Check1	Caption	只读性打开

② 添加学生表、成绩表、课程表为数据源。

③ 编写控件的事件代码。

OpenGroup1 的 Click 事件的代码为：

```
DO CASE
    CASE This.value=1
        SELECT 学生
    CASE This.value=2
        SELECT 成绩
    CASE This.value=3
        SELECT 课程
ENDCASE
```

Command1 的 Click 事件的代码为：

```
IF thisform.check1.value=0
    BROW
ELSE
    BROW  NOMODIFY  NOAPPEND  NODELETE
ENDIF
```

Command2 的 Click 事件的代码为：

Thisform.release

④ 运行并调试。保存表单名为 BROWDBF.SCX 并运行。注意,BROW 的浏览结果在表单中,显示的内容会覆盖表单,用 ESC 键可以关闭浏览。

2.13　实验 13　答案

(1) 操作步骤。

进入表单计数器的界面,将"请输入学号范围"、"到"设置为标签按钮,设置相应的字体、字号、粗体等属性；并设置相对应的两个文本按钮,Text1 的 Value 属性设置为 1,Text2 的 Value 属性设置为 40；将"请你起来回答问题"、"清除"、"退出"设置为命令按钮,并设置相应的字体、字号、粗体等属性；将"请你起来回答问题"所对应的按钮设置为文本按钮,并将它的 readonly 属性设置为.T.。

编写代码如下：

请你起来回答问题：

```
a1=thisform.text1.value
a2=thisform.text2.value
do while .t.
 a=int(rand() * 100)
 if a>=a1 and a<=a2
   thisform.text3.value=a
   exit
 endif
 enddo
```

清除：

thisform.text3.value=' '

退出：

thisform.release

执行方法如下：

方法一：单击工具栏中的"!"按钮。

方法二：在命令窗口中运行命令"DO FORM　文件名.scx(文件名为自己所命名的)"。

(2) 操作步骤。

① 创建表单,然后在表单上添加两个标签 Label1 和 Label2、一个列表框 List1、一个组

合框 Combo1 以及两个按钮 Command1 和 Command2。并按表 2-9 所示设置表单控件属性，MultiSelect 属性表示在列表框内可以多选。

表 2-9   选择查询表单属性设置表

控　件	属　性	属　性　值
Form1	Caption	选择查询
Label1	Caption	选择字段
Label2	Caption	选择表文件
Command1	Caption	查询
Command2	Caption	关闭
Combo1	Style	2-下拉列表框
	RowSourceType	7-文件
	RowSource	*.DBF
List1	RowSourceType	8-结构
	MultiSelect	.T.

② 编写控件的事件代码。

Combo1 的 InteractiveChange 事件代码为：

```
table=This.Value
USE &table
ThisForm.List1.RowSource=This.Value
```

Command1 的 Click 事件代码为：

```
zd=""
For i= 1 To ThisForm.List1.ListCount
    IF ThisForm.List1.Selected(i)
        zd=zd+","+ThisForm.List1.List(i)
    ENDIF
ENDFOR    && 循环产生查询要显示的字段信息
zd=SUBSTR(zd,2)    && 去掉多余的第一个逗号","
table=ThisForm.Combo1.Value
SELECT &zd FROM &table  && 利用宏代换技术生成 SELECT-SQL 语句
```

Command2 的 Click 事件代码为：

```
ThisForm.Release。
```

③ 运行并调试表单，将表单保存到表单文件 SEARCH.SCX 中。

2.14　实验 14　答案

(1) 进入表单设计器的界面，将显示表达式按钮设置为文本按钮，其他的按钮设置为命令按钮。

编写如下代码：

数字 0~9 和＋、－、*、/命令按钮的 Click 代码为：

thisform. text1. value＝allt(thisform. text1. value)＋allt(thisform. commandi. caption)

注意：thisform. commandi. caption 中的 commandi 的 i 为各个命令按钮的序号，如 command1、command2 等。

"计算"的 Click 代码为：

a＝thisform. text1. value
b＝&a
thisform. text1. value＝allt(str(b,20,2))

"返回"的 Click 代码为：

thisform. release

"清除"的 Click 代码为：

thisform. text1. value＝""

执行方法如下：

方法一：单击工具栏中的"!"按钮。

方法二：在命令窗口中运行命令 DO FORM jsq. scx(假设表单名为 JSQ. SCX,也可以用其他方法完成)。

(2) 操作步骤。

① 添加控件和属性设置。在表单上放置标签控件 Label1、Label2、Label3；Line1 线控件；文本框 Text1 和 Text2,其中 Text1 用于输入学生姓名或者学号信息,Text2 用于输出平均成绩；表控件 Grid1,用于显示查询结果；命令按钮 Command1 和 Command2,用于实现"查询统计"和"退出"。注意,Enabled 属性设置为. F. ,目的是让控件对象不能被修改,表单属性设置如表 2-10 所示。

表 2-10 成绩查询表单属性设置表

控 件	属 性	属 性 值
Form1	Caption	成绩查询窗口
Label1	Caption	成绩查询系统
	FontName	宋体
	FontSize	16
	BackStyle	0
Label2	Caption	请输入姓名或学号
Label3	Caption	平均成绩
Text2	Enabled	. F.
Command1	Caption	查询统计
Command2	Caption	退出
Grid1	ColumnCount	3
	RecordSourceType	4
	Enabled	. F.
Header1	Caption	课程
Header2	Caption	成绩
Header3	Caption	任课教师

② 添加数据环境。

右击表单空白处,在弹出的快捷菜单中选择"数据环境"命令,在打开的对话框中,选择学生表、成绩表和课程表为绑定的数据源。

③ 编写事件代码。

Form1 的 Activate 事件代码为:

```
Thisform. text1. value=""
Thisform. text1. setfocus
Thisform. grid1. recordsource=""
```

Command1 的 Click 事件代码为:

```
inchar= allt(thisform. text1. value)
mysql="select c. 课程名,(b. 上机成绩 * 0.5+b. 理论成绩 * 0.5) as 总成绩,c. 任课教师 from 学生
a,成绩 b,课程 c where (a. 学号==inchar or a. 姓名==inchar) and (a. 学号=b. 学号) and (b. 课程
号=c. 课程号) into cursor cjb1"
thisform. grid1. recordsource=mysql
IF cjb1. 总成绩=0
    thisform. text2. value=""
    messagebox("没有该同学的成绩信息!","消息窗口")
ELSE
    sele avg(总成绩) as cj from cjb1 into array x    && 求平均成绩
    thisform. text2. value=x(1)
ENDIF
thisform. text1. setfocus
```

Command1 的 Click 事件代码为:

```
Thisform. release
```

④ 运行并调试代码。将表单文件保存为 GRADE. SCX,然后运行表单,在运行过程中,可能出现问题,使表单不能正常运行,并出现提示框信息,可以根据自己的需要选择"取消"、"挂起"或"忽略"进行操作。

2.15   实验 15   答案

(1) 首先建立表 XSCJ. DBF 并输入若干条记录,再进入表单设计器状态下进行如下操作:

① 将学号、姓名、性别、出生日期、数据库、英语、婚否、学生成绩表设计为标签控件,相应的控件设计为文本框,将退出设计为命令控件。各个控件的字体和字号可在属性框中选择。

② 在"属性"窗口定义各个文本框的 controlSoruce 为相应显示的字段,如学号文本框的 controlSource 属性为 XSCJ. XH(XH 为字段名),其他类似。

③ 性别单选按控件的属性设计。

首先将"单选按钮组"控件(option group1)的主要属性设置为:

```
controlSource:xscj. xb
value:1
```

autosize：.t.
name：optiongroup1

在"属性"窗口定义"单选按钮 1"控件(option1)的主要属性为：

Caption：男
Left：5
Value：1
Name：option1
Top：5

在"属性"窗口定义"单选按钮 2"控件(option2)的主要属性为：

Caption：女
Left：40
Value：0
Name：option2
Top：5

以上控件的属性设计完成后,在表单中添加表 XSCJ.DBF,方法是：

在表单空白处右击,弹出删除"表单"快捷键,选择"数据环境",打开"数据环境"窗口,再右击,弹出"表单"操作的另一个快捷键,选择"添加",进入"添加或视图"窗口,选择要添加的表 XSCJ.DBF,单击"添加"按钮,表 XSCJ.DBF 被添加到表单中。

④ "表格"控件(Grid1)的主要属性如下：

columncount：7
panel：1---右
recordsource：xscj
name：grid1

在"属性"窗口定义各个列(column)的 header 的主要属性：

alignment：2---中
caption：表格的表头名(如第一列的 caption 为学号,其他类似)

在"属性"窗口定义各个列(column)的 text 的主要属性：

controlSource：表头所对应的字段(如第一列的 text1 为 xscj.xh)

⑤ 命令控件"退出"的代码为：

release thisform

⑥ 最后运行表单。

(2) 操作步骤。

表格和显示数据的标签和文本控件的操作,同一题所示。

在表单中增加命令控件：首记录、上一条、上一条、末记录、增加、删除并退出、退出、删除/取消,它们的主要属性如下：

Caption：相应的汉字标题,如"首记录"。

Name：用默认值,如 command1。

字体、字号以及窗口的大小自己调整。

各个命令控件的代码如下：

首记录：
go top
thisform. refresh
上一条：
skip －1
if bof()
　　go 1
endif
thisform. refresh
下一条：
skip
if eof()
　　skip －1
endif
thisform. refresh
末记录：
go bott
thisform. refresh
增加：
append blank
thisform. refresh
物理删除退出：
if messagebox("确实要将作删除标记的记录物理删除吗?",1＋64＋256,"提示")＝1
　　pack
　　thisform. refresh
endif
release thisform
删除/取消：
if　deleted()
　　recall
else
　　delete
endif
退出：
release thisform

以上控件设置完成和相应的命令控件的代码写完后，就可运行表单。

2.16　实验 16　答案

（1）操作步骤。

进入表单设计器界面，设计如表 2-11 所示的表单控件及其属性（其他属性不变）。

为表单添加数据环境：在表单空白处，右击，选择数据环境，在对话框中选择所需要使用的表 XSCJ. DBF，为命令按钮写 Click 过程的代码：

显示：
thisform. grid1. recordsourcetype＝4

```
if thisform.optiongroup1.option1.value=1
   thisform.grid1.recordsource="sele * from xscj  where  xb='男'"
   else
   thisform.grid1.recordsource="sele * from xscj where xb='女'"
endif
退出：
thisform.release
```

设计完成以上操作后，就可以运行表单。

表 2-11　控件属性

控　件	属　　性	属　性　值	
表单	CAPTION	表单菜单显示	
单选按钮组	Option1	Autosize	.t.
		Caption	男
		Fontsize	14
		Left	5
		Top	5
	Option2	Autosize	.t.
		Caption	女
		Fontsize	14
		Left	50
		Top	5
命令按钮1		Caption	显示
命令按钮2		Caption	退出
表格		属性值不变	

（2）操作步骤。

① 添加控件和属性设置。新建表单，放置标签，用于显示相关文字提示信息、日期信息和姓名信息，它们是 Label1（成绩录入系统）、Label2（录入时间）、Label3（显示年月日）、Label4（输入学号）、Label5（无姓名，注意，一旦学号输入正确，就显示对应学号的姓名）、Label6（选择课程）、Label7（输入理论成绩）、Label8（输入上机成绩），相关的 Caption 属性就不再在表 2-12 的属性设置中列出，BackStyle 属性都设置为 0—透明处理；放置命令按钮 Command1、Command2、Command3、Command4；放置文本框按钮 Text1、Text2、Text3 用于学号、成绩信息的输入；放置组合框 ComBo1 用于选择课程名；放置线控件 Line1。详细的属性设置如表 2-12 所示。

表 2-12　成绩录入表单控件属性设置表

控　　件	属　　性	属　性　值
Form1	Caption	学生成绩录入
Label1	FontName	幼圆
	FontSize	16
Line1	BorderWidth	2
ComBo1	RowsourceType	6-字段
	Rowsource	课程.课程名

续表

控　件	属　性	属　性　值
	Enabled	.F.
Text2	Enabled	.F.
Text3	Enabled	.F.
Text4	Enabled	.F.
Command1	Caption	验证姓名
Command2	Caption	确认当前录入
	Enabled	.F.
Command3	Caption	录入新成绩
	Enabled	.F.
Command4	Caption	退出

② 添加数据环境。右击表单空白处，在出现的快捷菜单中选择"数据环境"命令，在对话框中，选择学生表、成绩表和课程表为绑定的数据源。

③ 编写控件事件代码。

Form1 的 Activate 事件代码为：

```
y＝allt(str(year(date())))                    && 用于得到年、月、日的三个变量 y,m,d
m＝allt(str(mont(date())))
d＝allt(str(day(date())))
Thisform.label3.caption＝y+"年"+m+"月"+d+"日"  && 在 label3 中显示日期信息
Thisform.label5.caption＝"无姓名"              && 没有查询或者查询不成功的姓名显示信息
```

Command1 的 Click 事件代码为：

```
SELECT  (Thisform.DataEnvironment.Cursor1.Alias)  && 选择学生表
myid＝thisform.text1.value                          && 获得输入的学号到变量
LOCATE all for allt(学号)==allt(myid)               && 查找学号是否在学生表中
IF found()                                          && 若找到
   Thisform.label5.caption＝姓名                     && 显示姓名
   Thisform.combo1.enabled＝.T.                      && 让输入的相关控件有效
   Thisform.text2.enabled＝.T.
   Thisform.text3.enabled＝.T.
   Thisform.command2.enabled＝.T.
   Thisform.refresh
ELSE
   Messagebox("学号信息有误，请输入正确的学号!","警告窗口")
   Thisform.text1.setfocus
   Thisform.text1.value＝""
   Thisform.label5.caption＝"无姓名"
   Thisform.refresh
ENDIF
```

Command2 的 Click 事件代码为：

```
Thisform.command3.enabled＝.T.
mykc＝allt(thisform.combo1.value)     && 获得课程名到变量 mykc 中
mycj1＝val(thisform.text2.value)      && 获得理论成绩
```

mycj2＝val(thisform.text3.value)   &&. 获得上机成绩
myid＝allt(thisform.text1.value)   &&. 获得学号,以下检查成绩信息输入的合法性
IF (mykc＝＝"" OR (mycj1＜0 OR mycj1＞100 OR mycj2＜0 OR mycj2＞100))
    Messagebox("课程为空或成绩错误,请重新输入相关数据!","警告窗口")
    Thisform.combo1.setfocus
ELSE
    SELECT(Thisform.DataEnvironment.Cursor3.Alias)
    LOCATE   all for allt(课程名)＝＝mykc
    mykch＝allt(课程号)
    SELECT(Thisform.DataEnvironment.Cursor2.Alias)
    LOCATE   all for allt(学号)＝＝myid and allt(课程号)＝＝mykch
    IF found()   &&. 检查成绩是否存在,若存在,不能录入
        Messagebox("该成绩已经存在!","警告窗口")
        Thisform.command2.enabled＝.F.
    ELSE
        INSERT INTO 成绩   values(myid,mykch,mycj2,mycj1)   &&. 若不存在,插入
    ENDIF
ENDIF

Command3 的 Click 事件代码为:

Thisform.text1.value＝""   &&. 初始化文本框为空字符
Thisform.text2.value＝""
Thisform.text3.value＝""
Thisform.text1.setfocus
Thisform.label5.caption＝"无姓名"
Thisform.combo1.value＝""
Thisform.combo1.enabled＝.F.   &&. 相关控件置为无效
Thisform.text2.enabled＝.F.
Thisform.text3.enabled＝.F.
Thisform.command2.enabled＝.F.
Thisform.command3.enabled＝.F.

Command4 的 Click 事件代码为:

Thisform.release

运行并调试程序,保存文件为 CJ.SCX,运行表单。

2.17 实验 17 答案

(1) 操作步骤。

① 在 Visual FoxPro 系统主菜单下,选择"文件"→"新建"→"菜单"→"新文件"→"菜单",在菜单设计窗口中输入菜单项的内容,"结果"项选"子菜单",当一级菜单项输入完毕,单击"编辑"输入二级菜单项的内容,在"结果"项选"命令",在空白处输入命令:

WAIT   "内部流转"   WINDOW

② 当所有菜单项都输入完毕,且命令也完成后,单击 Visual FoxPro 系统主菜单下的"菜单"→"生成",生成菜单程序(保存菜单文件名为 XX)。

③ 运行菜单程序：在命令窗口中运行命令：DO MENU XX。也可在工具菜单栏中单击"!"按钮运行。

（2）首先如一题所示建立菜单表单. mpr 程序，必须注意在生成菜单前，选择菜单项"显示"→"常规选项"，选中"顶层表单"（如图 2-14 所示）再生成菜单。将数据录入的结果选择为子菜单，在下列菜单的加法器的结果项选择命令，命令为 DO FORM 加法器，同样在除法器的选项结果选项选择命令，命令为 DO FORM 除法器，在九九乘法表，选择命令，命令为 DO JIUJIU（必须有表单程序和九九乘法表程序）。

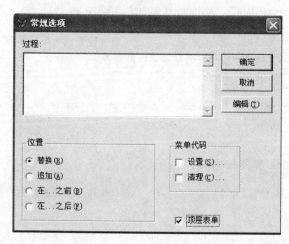

图 2-14 "常规选项"对话框

其次，将实验 16 的表单属性中的 ShowWindow 属性设置为 2，作为顶层表单。

最后选中表单，在空白处右击，选择"代码"，选择过程 init 的事件代码为：

do 菜单表单. mpr with this ，.T.

最后运行该表单。

2.18 实验 18 答案

操作步骤：

（1）按题要求，建立表 XSDA. DBF 并输入记录。

（2）空白报表的生成：选择系统菜单的"文件"→"新建"→"报表"→"新建文件"，进入报表设计器（如图 2-15 所示），再选择系统菜单的"报表"→"快速报表"，在快速报表窗口中单击"字段"，选择需要显示的字段（如图 2-16 所示），选择完毕又回到快速报表窗口，最后单击"确定"按钮。注意：复选框要选中（如没有打开表，则首先添加 XSDA. DBF 表）。这样快速报表就生成。

（3）添加"标题"带区和"总结"带区：从"报表"菜单中选择"标题/总结"，在弹出的"标题/总结"对话框中选中"标题带区"复选框，如图 2-17 所示，单击"确定"按钮。"标题"带区出现在报表的顶部。

（4）调整带区的高度：选中标题带区标识栏（标识栏变黑），拖动鼠标就可完成。

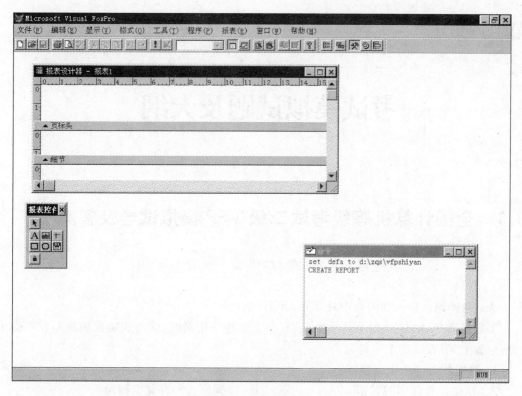

图 2-15 报表设计器

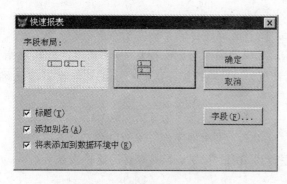

图 2-16 "快速报表"对话框

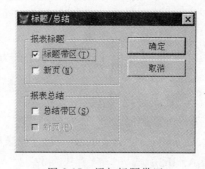

图 2-17 添加标题带区

（5）写标题：单击"报表控件"工具栏上的"标签"控件，在主菜单栏上选择"格式"菜单中的字体，设置适当的字号和字体。

（6）添加图片：单击"报表控件"工具栏上的"图片/ActiveX"控件，在报表的标题区单击弹出"报表图片"对话框，选定图片文件的来源，单击"确定"按钮。

（7）添加线条：单击"报表控件"工具栏上的"线条"按钮，进行操作。

（8）单击"常用"工具栏上的"打印预览"按钮，可见报表的效果。

（9）单击"常用"工具栏上的"保存"按钮或按 Ctrl＋W 键，保存报表文件。

第 3 部分

考试模拟试题及大纲

3.1 全国计算机等级考试二级 VFP 模拟试卷及答案

（考试时间 90 分钟,满分 100 分）

一、选择题((1)～(35)每小题 2 分,共 70 分)

下列各题 A、B、C、D 四个选项中,只有一个选项是正确的,请将正确选项涂写在答题卡相应位置上,答在试卷上不得分。

1. 数据的存储结构是指(　　)。
   A. 存储在外存中的数据　　　　　　B. 数据所占的存储空间量
   C. 数据在计算机中的顺序存储方式　D. 数据的逻辑结构在计算机中的表示

2. 下列关于栈的描述中错误的是(　　)。
   A. 栈是先进后出的线性表　　　B. 栈只能顺序存储
   C. 栈具有记忆作用　　　　　　D. 对栈的插入与删除操作中,不需要改变栈底指针

3. 对于长度为 n 的线性表,在最坏情况下,下列各排序法所对应的比较次数中正确的是(　　)。
   A. 冒泡排序为 $n/2$　　　　　　　B. 冒泡排序为 n
   C. 快速排序为 n　　　　　　　　D. 快速排序为 $n(n-1)/2$

4. 对于长度为 n 的线性表进行顺序查找,在最坏情况下所需要的比较次数为(　　)。
   A. lb2n　　　　　B. $n/2$　　　　　C. n　　　　　D. $n+1$

5. 下列对于线性链表的描述中正确的是(　　)。
   A. 存储空间不一定连续,且各元素的存储顺序是任意的
   B. 存储空间不一定连续,且前件元素一定存储在后件元素的前面
   C. 存储空间必须连续,且前件元素一定存储在后件元素的前面
   D. 存储空间必须连续,且各元素的存储顺序是任意的

6. 下列对于软件测试的描述中正确的是(　　)。
   A. 软件测试的目的是证明程序是否正确
   B. 软件测试的目的是使程序运行结果正确
   C. 软件测试的目的是尽可能多地发现程序中的错误
   D. 软件测试的目的是使程序符合结构化原则

7. 为了使模块尽可能独立,要求( )。

A. 模块的内聚程度要尽量高,且各模块间的耦合程度要尽量强

B. 模块的内聚程度要尽量高,且各模块间的耦合程度要尽量弱

C. 模块的内聚程度要尽量低,且各模块间的耦合程度要尽量弱

D. 模块的内聚程度要尽量低,且各模块间的耦合程度要尽量强

8. 下列描述中正确的是( )。

A. 程序就是软件

B. 软件开发不受计算机系统的限制

C. 软件既是逻辑实体,又是物理实体

D. 软件是程序、数据与相关文档的集合

9. 数据独立性是数据库技术的重要特点之一。所谓数据独立性是指( )。

A. 数据与程序独立存放

B. 不同的数据被存放在不同的文件中

C. 不同的数据只能被对应的应用程序所使用

D. 以上三种说法都不对

10. 用树形结构表示实体之间联系的模型是( )。

A. 关系模型　　　　B. 网状模型　　　　C. 层次模型　　　　D. 以上三个都是

11. 在创建数据库表结构时,为该表指定了主索引,这属于数据完整性中的( )。

A. 参照完整性　　　　B. 实体完整性　　　　C. 域完整性　　　　D. 用户定义完整性

12. 在创建数据库表结构时,为该表中一些字段建立普通索引,其目的是( )。

A. 改变表中记录的物理顺序　　　　　　B. 为了对表进行实体完整性约束

C. 加快数据库表的更新速度　　　　　　D. 加快数据库表的查询速度

13. 数据库系统中对数据库进行管理的核心软件是( )。

A. DBMS　　　　　　B. DB　　　　　　C. OS　　　　　　D. DBS

14. 设有两个数据库表,父表和子表之间是一对多的联系,为控制子表和父表的关联,可以设置"参照完整性规则",为此要求这两个表( )。

A. 在父表连接字段上建立普通索引,在子表连接字段上建立主索引

B. 在父表连接字段上建立主索引,在子表连接字段上建立普通索引

C. 在父表连接字段上不需要建立任何索引,在子表连接字段上建立普通索引

D. 在父表和子表的连接字段上都要建立主索引

15. 关系运算中的选择运算是( )。

A. 从关系中找出满足给定条件的元组的操作

B. 从关系中选择若干个属性组成新的关系的操作

C. 从关系中选择满足给定条件的属性的操作

D. A 和 B 都对

16. 在指定字段或表达式中不允许出现重复值的索引是( )。

A. 唯一索引　　　　　　　　　　　　B. 唯一索引和候选索引

C. 唯一索引和主索引　　　　　　　　D. 主索引和候选索引

17. 在 Visual FoxPro 中,以下关于删除记录的描述,正确的是(　　)。

A. SQL 的 DELETE 命令在删除数据库表中的记录之前,不需要用 USE 命令打开表

B. SQL 的 DELETE 命令和传统 Visual FoxPro 的 DELETE 命令在删除数据库表中的记录之前,都需要用 USE 命令打开表

C. SQL 的 DELETE 命令可以物理地删除数据库表中的记录,而传统 Visual FoxPro 的 DELETE 命令只能逻辑删除数据库表中的记录

D. 传统 Visual FoxPro 的 DELETE 命令在删除数据库表中的记录之前不需要用 USE 命令打开表

18. 在 Visual FoxPro 中,如果希望跳出 SCAN…ENDSCAN 循环体,执行 ENDSCAN 后面的语句,应使用(　　)。

A. LOOP 语句　　　　　　　　　　B. EXIT 语句

C. BREAK 语句　　　　　　　　　　D. RETURN 语句

19. 打开数据库 abc 的正确命令是(　　)。

A. OPEN DATABASE abc　　　　　B. USE abc

C. USE DATABASE abc　　　　　　D. OPEN abc

20. 在 Visual FoxPro 中,下列关于表的叙述正确的是(　　)。

A. 在数据库表和自由表中,都能给字段定义有效性规则和默认值

B. 在自由表中,能给字段定义有效性规则和默认值

C. 在数据库表中,能给字段定义有效性规则和默认值

D. 在数据库表和自由表中,都不能给字段定义有效性规则和默认值

21. Visual FoxPro 的"参照完整性"中"插入规则"包括的选择是(　　)。

A. 级联和忽略　　　B. 级联和删除　　　C. 级联和限制　　D. 限制和忽略

22. 在 Visual FoxPro 中,关于查询和视图的正确描述是(　　)。

A. 查询是一个预先定义好的 SQL SELECT 语句文件

B. 视图是一个预先定义好的 SQL SELECT 语句文件

C. 查询和视图是同一种文件,只是名称不同

D. 查询和视图都是一个存储数据的表

23. 在 Visual FoxPro 中,以下关于视图描述中错误的是(　　)。

A. 通过视图可以对表进行查询　　　B. 通过视图可以对表进行更新

C. 视图是一个虚表　　　　　　　　D. 视图就是一种查询

24. 使用 SQL 语句将学生表 S 中年龄(AGE)大于 30 岁的记录删除,正确的命令是(　　)。

A. DELETE FOR AGE＞30　　　　B. DELETE FROM S WHERE AGE＞30

C. DELETE S FOR AGE＞30　　　　D. DELETE S WHERE AGE＞30

25. 在 Visual FoxPro 中,使用 LOCATE FOR ＜expL＞命令按条件查找记录,当查找到满足条件的第一条记录后,如果还需要查找下一条满足条件的记录,应使用(　　)。

A. 再次使用 LOCATE FOR ＜expL＞命令　　B. SKIP 命令

C. CONTINUE 命令　　　　　　　　　　　　D. GO 命令

26. 在 Visual FoxPro 中,删除数据库表 S 的 SQL 命令是(　　)。

A. DROP TABLE S　　　　　　　　B. DELETE TABLE S

C. DELETE TABLE S. DBF   D. ERASE TABLE S

27. 下列表达式中,表达式返回结果为.F. 的是(　　　)。

A. AT("A","BCD")   B. "［信息］" $ "管理信息系统"

C. ISNULL(.NULL.)   D. SUBSTR("计算机技术",3,2)

28. 使用 SQL 语句向学生表 S(SNO,SN,AGE,SEX)中添加一条新记录,字段学号(SNO)、姓名(SN)、性别(SEX)、年龄(AGE)的值分别为 0401、王芳、女、18,正确的命令是(　　　)。

A. APPEND INTO S(SNO,SN,SXE,AGE) valueS('0401','王芳','女',18)

B. APPEND S valueS('0401','王芳','女',18)

C. INSERT INTO S(SNO,SN,SEX,AGE) valueS('0401','王芳','女',18)

D. INSERT S valueS('0401','王芳',18,'女')

29. 假设某个表单中有一个命令按钮 cmdClose,为了实现当用户单击此按钮时能够关闭该表单的功能,应在该按钮的 Click 事件中写入语句(　　　)。

A. ThisForm. Close   B. ThisForm. Erase

C. ThisForm. Release   D. ThisForm. Return

30. 在 SQL 的 SELECT 查询结果中,消除重复记录的方法是(　　　)。

A. 通过指定主关系键   B. 通过指定唯一索引

C. 使用 DISTINCT   D. 使用 HAVING 子句

31. 在 Visual FoxPro 中,以下有关 SQL 的 SELECT 语句的叙述中,错误的是(　　　)。

A. SELECT 子句中可以包含表中的列和表达式

B. SELECT 子句中可以使用别名

C. SELECT 子句规定了结果集中的列顺序

D. SELECT 子句中列的顺序应该与表中列的顺序一致

32. 下列关于 SQL 中 HAVING 子句的描述,错误的是(　　　)。

A. HAVING 子句必须与 GROUP BY 子句同时使用

B. HAVING 子句与 GROUP BY 子句无关

C. 使用 WHERE 子句的同时可以使用 HAVING 子句

D. 使用 HAVING 子句的作用是限定分组的条件

33. 在 Visual FoxPro 中,如果在表之间的联系中设置了参照完整性规则,并在删除规则中选择"限制",则当删除父表中的记录时,系统反应是(　　　)。

A. 不做参照完整性检查   B. 不准删除父表中的记录

C. 自动删除子表中所有相关的记录   D. 若子表中有相关记录,则禁止删除父表中记录

第(34)～(35)题使用如下三个数据库表。

学生表：S(学号,姓名,性别,出生日期,院系)

课程表：C(课程号,课程名,学时)

选课成绩表：SC(学号,课程号,成绩)

在上述表中,出生日期数据类型为日期型,学时和成绩为数值型,其他均为字符型。

34. 用 SQL 命令查询选修的每门课程的成绩都高于或等于 85 分的学生的学号和姓名,正确的命令是(　　)。

　A. SELECT 学号,姓名 FROM S WHERE NOT EXISTS;
　　　(SELECT ＊ FROM SC WHERE SC.学号＝S.学号 AND 成绩＜85)

　B. SELECT 学号,姓名 FROM S WHERE NOT EXISTS;
　　　(SELECT ＊ FROM SC WHERE SC.学号＝S.学号 AND 成绩>=85)

　C. SELECT 学号,姓名 FROM S,SC;
　　　WHERE S.学号＝SC.学号 AND 成绩>=85

　D. SELECT 学号,姓名 FROM S,SC;
　　　WHERE S.学号＝SC.学号 AND ALL 成绩>=85

35. 用 SQL 语言检索选修课程在 5 门以上(含 5 门)的学生的学号、姓名和平均成绩,并按平均成绩降序排序,正确的命令是(　　)。

　A. SELECT S.学号,姓名,平均成绩 FROM S,SC WHERE S.学号＝SC.学号;
　　　GROUP BY S.学号 HAVING COUNT(＊)>=5 ORDER BY 平均成绩 DESC

　B. SELECT 学号,姓名,AVG(成绩) FROM S,SC WHERE S.学号＝SC.学号 AND ;
　　　COUNT(＊)>=5 GROUP BY 学号 ORDER BY 3 DESC

　C. SELECT S.学号,姓名,AVG(成绩) 平均成绩 FROM S,SC;
　　　WHERE S.学号＝SC.学号 AND COUNT(＊)>=5;
　　　GROUP BY S.学号 ORDER BY 平均成绩 DESC

　D. SELECT S.学号,姓名,AVG(成绩) 平均成绩 FROM S,SC;
　　　WHERE S.学号＝SC.学号;
　　　GROUP BY S.学号 HAVING COUNT(＊)>=5 ORDER BY 3 DESC

二、填空题(每空 2 分,共 30 分)

请将每一个空的正确答案写在答题卡【1】～【15】序号的横线上,答在试卷上不得分。

注意:以命令关键字填空的必须拼写完整。

1. 某二叉树中度为 2 的结点有 18 个,则该二叉树中有_____【1】_____个叶子结点。

2. 在面向对象方法中,类的实例称为_____【2】_____。

3. 诊断和改正程序中错误的工作通常称为_____【3】_____。

4. 在关系数据库中,把数据表示成二维表,每一个二维表称为_____【4】_____。

5. 问题处理方案的正确而完整的描述称为_____【5】_____。

6. 在奥运会游泳比赛中,一个游泳运动员可以参加多项比赛,一个游泳比赛项目可以有多个运动员参加,游泳运动员与游泳比赛项目两个实体之间的联系是_____【6】_____联系。

7. 执行命令 A＝2005/4/2 之后,内存变量 A 的数据类型是_____【7】_____型。

8. 如下程序显示的结果是_____【8】_____。

```
s=1
i=0
do while i<8
s=s+i
i=i+2
```

enddo

?s

9. 在 Visual FoxPro 中,可以在表设计器中为字段设置默认值的表是　　【9】　　表。

10. Visual FoxPro 中数据库文件的扩展名(后缀)是　　【10】　　。

第(11)～(13)题使用如下三个数据库表:

金牌榜.DBF　国家代码 C(3),金牌数 I,银牌数 I,铜牌数 I

获奖牌情况.DBF　国家代码 C(3),运动员名称 C(20),项目名称 C(3),名次 I

国家.DBF　国家代码 C(3),国家名称 C(20)

"金牌榜"表中一个国家一条记录;"获奖牌情况"表中每个项目中的各个名次都有一条记录,名次只取前 3 名,例如:国家代码、运动员名称、项目名称、名次

001	刘翔	男子 110 米栏	1
001	李小鹏	男子双杠	3
002	费尔普斯	游泳男子 200 米自由泳	3
002	费尔普斯	游泳男子 400 米个人混合泳	1
001	郭晶晶	女子三米板跳板	1
001	李婷/孙甜甜	网球女子双打	1

11. 为表"金牌榜"增加一个字段"奖牌总数",同时为该字段设置有效性规则:奖牌总数≥0,应使用 SQL 语句:

ALTER TABLE 金牌榜　　【11】　　奖牌总数 I　　【12】　　奖牌总数>=0

12. 使用"获奖牌情况"和"国家"两个表查询"中国"所获金牌(名次为1)的数量,应使用 SQL 语句

SELECT COUNT(*) FROM 国家 INNER JOIN 获奖牌情况　　【13】　　国家.国家代码=;
获奖牌情况.国家代码 WHERE 国家.国家名称="中国" AND 名次=1

13. 将金牌榜.DBF 中的新增加的字段奖牌总数设置为金牌数、银牌数、铜牌数三项的和,应使用 SQL 语句　　【14】　　金牌榜　　【15】　　奖牌总数=金牌数+银牌数+铜牌数

参 考 答 案

一、选择题

1. D　2. B　3. D　4. C　5. A　6. C　7. B　8. D　9. D
10. C　11. B　12. D　13. A　14. B　15. A　16. D　17. A　18. B
19. A　20. C　21. D　22. A　23. D　24. B　25. C　26. A　27. B
28. C　29. C　30. C　31. D　32. B　33. D　34. A　35. D

二、填空题

【1】19 【2】对象 【3】程序调试 【4】关系 【5】算法 【6】多对多 【7】数值
【8】13 【9】数据库表 【10】. DBC 【11】ADD 【12】CHECK 【13】ON
【14】UPDATE 【15】SET

3.2 全国高等学校非计算机专业计算机等级考试

二级 Visual FoxPro 笔试试题（共 100 分）

注意事项：1. 一、二、三题为客观题，请将答案涂在机读答题卡上；

2. 请将四、五、六题的答案做在答题纸上。

一、单项选择题（每小题 1 分，共 30 分）

1. 下列哪种类型字段的宽度是由用户自己设定的（ ）。

A. 逻辑型 B. 数值型 C. 备注型 D. 日期型

2. 用二维表来表示实体与实体之间联系的数据模型是（ ）。

A. 关系型 B. 结构型 C. 层次型 D. 网状型

3. 字符串长度函数 LEN(SPACE(5)−SPACE(5)) 的值是（ ）。

A. 0 B. 2 C. 5 D. 10

4. 已知 D="04/18/08"，则表达式 100+&D 的计算结果是（ ）。

A. 日期型 B. 字符型 C. 数值型 D. 数据类型不匹配

5. 执行下列命令的结果是（ ）。

?IIF(SUBSTR("AB",2,2)>RIGHT("XBCD",2),VARTYPE("A"),VAL("ABCDE"))

A. N B. C C. U D. 0.00

6. 在等级考试数据表 DJSK. DBF 中，有一字段"报名日期"为日期型且为主控索引，要查询报名日期为 2008 年 9 月 20 日的记录，应使用命令（ ）。

A. FIND 报名日期=CTOD("09/20/08") B. FIND 09/20/08
C. SEEK CTOD("09/20/08") D. SEEK 报名日期=CTOD("09/20/08")

7. 一个表文件中多个备注型(MEMO)字段的内容存放在（ ）。

A. 一个表文件中 B. 一个备注文件中
C. 多个备注文件中 D. 一个文本文件中

8. 顺序执行以下赋值命令之后，表达式错误的是（ ）。

A="123.5"
B=2*4
C="abc"

A. &A+B B. &B+C C. VAL(A)+B D. STR(B)+C

9. 在执行命令 A="A"和 B=A="C"之后，A 和 B 的值分别是（ ）。

A. "C"和"C" B. "A"和.F. C. "C"和"A" D. "A"和"C"

10. 下列 Visual FoxPro 表达式中运算结果为日期型的是( )。

　　A. 11/05/08＋2　　　　　　　　　　B. CTOD("10/01/18")－DATE()

　　C. CTOD("11/05/08")－3　　　　　　D. DATE()＋"10/01/08"

11. 表达式 10＞3＞1 的结果是( )。

　　A. .T.　　　　　　B. .F.　　　　　　C. 10　　　　　　D. 非法表达式

12. 数据库表的字段或记录可以定义有效性规则,规则可以是( )。

　　A. 逻辑表达式　　　B. 字符表达式　　　C. 数值表达式　　　D. 前3种都有可能

13. 在 Visual FoxPro 中,下列说法正确的是( )。

　　A. 赋值号(＝)一次只能给一个变量赋值,而 STORE 一次能给多个变量赋值

　　B. 一个简单的变量和数组在使用之前均可不必先定义

　　C. 内存变量的内容可以根据需要而修改,但其类型不能更改

　　D. 对于数据而言,一次只能给其中一个数组元素赋值

14. 在一个数据表中,有一个或若干个字段,它们的值可以唯一地标识一条记录,这样的字段称为( )。

　　A. 主题字　　　　　B. 标题　　　　　　C. 关键字　　　　　D. 记录名

15. 将数据库表从数据库中移出后,该表( )。

　　A. 成为自由表　　　B. 被删除　　　　　C. 放入回收站　　　D. 内容被清空

16. 当前数据表中含有"性别"为字符型的字段(未索引或排序),在下面四组命令中,可以找到第二个性别为男的记录的命令是( )。

　　A. LOCATE FOR 性别＝"男"　　　　　B. LOCATE FOR 性别＝"男"
　　　　NEXT　2

　　C. LOCATE FOR 性别＝"男"　　　　　D. LOCATE FOR 性别＝"男"
　　　　CONTINUE　　　　　　　　　　　　SKIP

17. 使用下列命令不要求对数据表进行索引或排序的是( )。

　　A. SEEK, LIST　　　　　　　　　　　B. LOCATE, COPY

　　C. TOTAL, LOCATE　　　　　　　　　D. FIND, LOCATE

18. 某数据表有字段:学号/C、生日/D、成绩/N 等。要建立学号、成绩、生日的组合索引,其索引的关键字表达式是( )。

　　A. 学号＋成绩＋生日

　　B. "学号"＋"成绩"＋"生日"

　　C. 学号＋STR(成绩,5,1)＋STR(生日,8)

　　D. 学号＋STR(成绩,5,1)＋DTOC(生日,1)

19. 不允许字段值出现重复的索引是( )。

　　A. 候选索引和主索引　　　　　　　　B. 普通索引和唯一索引

　　C. 唯一索引和主索引　　　　　　　　D. 唯一索引

20. 在 SQL 的查询语句中,实现投影操作的短语是( )。

　　A. SELECT　　　　B. FROM　　　　　C. WHERE　　　　D. JOIN ON

21. SQL 的数据操作语句不包括( )。

A. INSERT   B. UPDATE   C. SELECT   D. CHANGE

22. SQL 查询时,用 WHERE 子句指出的是( )。

A. 查询目标   B. 查询结果   C. 查询条件   D. 查询视图

23. 扩展名为.SCX 的文件是( )。

A. 备注文件   B. 表单文件   C. 项目文件   D. 菜单文件

24. 在 Visual FoxPro 中可以用 DO 命令执行的文件不包括( )。

A. PRG 文件   B. MPR 文件   C. MEM 文件   D. QPR 文件

25. 在下面关于面向对象的叙述中,错误的是( )。

A. 每个对象在系统中都有唯一的标识

B. 事件作用于对象,对象识别事件并作出相应动作(或方法)

C. 一个子类能够继承其父类的所有属性和方法

D. 一个父类包括其所有子类的属性和方法

26. 如果想在运行表单 Form1 时,向表单中的文本框 Text2 中输入字符,回显字符显示的是 * 号,则可以在 Form1 的 Init 事件中加入语句( )。

A. Form1. Text2. PasswordChar=" * "

B. Form1. Text2. Password=" * "

C. Thisform. Text2. Password=" * "

D. Thisform. Text2. PasswordChar=" * "

27. 在 Visual FoxPro 中释放和关闭表单的方法是( )。

A. RELEASE   B. CLOSE   C. DELETE   D. DROP

28. 假设表单上有一选项组:●男 ○女,其中第一个选项按钮"男"被选中,则该选项组的 Value 属性值为( )。

A. .T.   B. "男"   C. 1   D. "男"或1

29. DBMS 的中文意思是( )。

A. 对象-关系型数据库系统   B. 数据库管理系统

C. 关系数据库系统   D. 结构化查询语言

30. 已知数据表"职工.DBF"(职工号,姓名,…)和"工资.DBF"(职工号,基本工资,津贴,奖金,扣款),要查询职工实发工资的 SQL 命令是( )。

A. SELECT 姓名,(基本工资+津贴+奖金−扣款)AS 实发工资 FROM 工资

B. SELECT 姓名,(基本工资+津贴+奖金−扣款)AS 实发工资 FROM 工资
    WHERE 职工.职工号=工资.职工号

C. SELECT 姓名,(基本工资+津贴+奖金−扣款)AS 实发工资 FROM 工资,职工
    WHERE 职工.职工号=工资.职工号

D. SELECT 姓名,(基本工资+津贴+奖金−扣款)AS 实发工资 FROM 工资 JOIN
    职工 WHERE 职工.职工号=工资.职工号

二、判断分析题(每小题 1 分,共 10 分)

1. 通过建立参照完整性规则,可以确保相关表之间数据的一致性。

2. 内存变量是独立于数据库而存在的,字段变量是随数据表的建立而存在的。

3. 在 Visual FoxPro 中,WHILE 子句表示命令操作对象是从当前开始的满足条件表达式的记录,遇到不满足条件的记录就停止。

4. 用 DELETE 命令删除的记录是可以恢复的。

5. 命令次序:

A=10
?A=A+10

执行后,A 的值是 20。

6. 假定当前系统时间为 2008 年 1 月 1 日 10 点 10 分 00 秒,TIME()函数返回的值为时间型常量{10:10:10}

7. 表达式 CHR(ASC("B")-1)-STR(MOD(1,7),2)的结果是"A",串长为 2。

8. 在 SQL 查询语言中,TOP 短语必须与 ORDER BY 短语配对使用,但 ORDER BY 短语可以单独使用。

9. 在开始一个无记录的空数据表后,BOF()为 .T. ,EOF()为 .T. ,记录号为 0。

10. 对象的外观由它的各种属性来描述,对象的行为则由它的事件和方法程序来表达。

三、填空题(每空 2 分,共 20 分)

1. 定义一个一维数组 MN,将数据表 XZ.DBF(6 个字段)中的每条记录存入该数组,并将该数组的值依次显示出来,请填空。

```
        CLEAR
        DIMENSION    ____①____
        USE XZ
DO WHILE  .NOT.  EOF(    )
            ____②____
            I=1
            DO WHILE I<7
                ??MN(1)
                I=I+1
            ENDDO
            ____③____
            ?
        ENDDO
        USE
```

2. 已知某单位教师工资表 JS.DBF 有如下记录:

Record#	编号	姓名	年龄	工资
1	3001	李丽珍	36	690
2	3002	刘苏	51	1680
3	3003	末言	22	820
4	3004	魏虎豹	46	960
5	3005	罗山	40	1100
6	3006	甘甜	30	920
7	3007	丰潇潇	47	1200

下列程序用于统计工资表 JS. DBF 中 40 岁以上(包括 40 岁)的教师的平均工资。请填空完成。

```
USE JS
S=0
N=0
LOCATE  FOR ____④____
DO  WHILE _____⑤_____
S=S+工资
N=N+1
_____⑥_____
ENDDO
?S/N
USE
```

3. 已知数据表"职工.DBF"(职工号,姓名,性别,出生日期,部门号,…)和"部门.DBF"(部门号,部门名,部门经理,…)。请填空完成相应任务的 SQL 语句。

① 查询每个部门年龄最长者的信息,要求得到的信息包括部门名和最长者的出生日期。

SELECT 部门名, ____⑦____ FORM 部门 JOIN 职工 ON 部门.部门号=职工.部门号 GROUP BY 部门名

② 查询有 10 名以上(含 10 名)职工的部门信息(部门名和职工人数),并按职工人数降序排列。

SELECT 部门名,COUNT(职工号)AS 职工人数 FORM 部门,职工 WHERE 部门.部门=职工,部门号 GROUP BY 部门名 HAVING COUNT(*)>=10 ORDER BY ____⑧____

设计如图 3-1 所示的表单,本文框 Text1 的 Value 初值为 0。表单运行后,输入一个整数回车后,即可判断出该数是不是素数,如图 3-2 所示。请完成填空。(素数又称质数,是指除了 1 和该数本身以外不能被其他任何整数整除的数。)

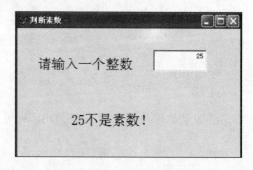

图 3-1 表单设计界面   图 3-2 表单运行界面

Text1 的 Valid 事件代码:

```
N=thisform. text1. value
I=_____⑨_____
DO  WHILE  I<N
IF INT(N/I)=N/I
_____⑩_____
```

```
ENDIF
I=I+1
ENDDO
IF I>N
    Thisform.Label2.Caption＝ALLTRIM(STR(N))＋"是素数"
ELSE
    Thisform.Label2.Caption＝ALLTRIM(STR(N))＋"不是素数"
ENDIF
```

四、阅读程序题(每小题 5 分,共 20 分)

1. 有一程序如下,请写出运行结果。

```
CLEAR
DIMENSION   A(3,3)
FOR I=1 TO 3
  IF I<>J
    A(I,J)=0
  ELSE
    A(I,J)=9
  ENDIF
??A(I,J)
  ENDFOR
  ?
ENDFOR
CANCEL
```

表文件(积分.DBF)如下表所示。

积分.DBF

学号(C)	积分(N)
2201	40
2202	70
2203	50
2204	20
2205	10
2206	70
2207	60
2208	40
2209	30

2. 写出以下程序的运行结果

```
USE 积分
STORE 0 TO X,Y,Z
SCAN
DO CASE RIGHT(学号,1)="1"
     X=X+积分
CASE RIGHT(学号,1)="2"
     Y=Y+积分
  CASE RIGHT(学号,1)="3"
```

```
    Z=Z+积分
ENDCASE
ENDSCAN
?X+Y+Z
USE
```

3. 如图 3-3 所示一程序界面。文本框 TEXT1 已经输入一串文字,单击"转换"命令按钮后,文本框的值将变为什么?

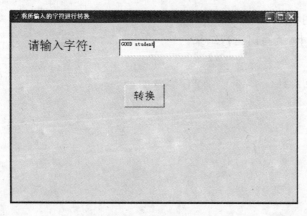

图 3-3　程序界面

```
N=LEN(THISFORM.TEXT1.VALUE)
Y=""
DO WHILE   N>0
    X=SUBSTR(THISFORM. TEXT1. VALUE,N,1)
    IF ASC(X)=ASC('a')
        X=UPPER(X)
    ELSE
        X=LOWER(X)
    ENDIF
    Y=X+Y
    N=N-1
ENDDO
THISFOR M.TEXT1. VALUE=Y
```

4. 以下程序的运行结果是什么?

主程序 MAIN.PRG	* SUB1.PRG	* SUB2.PRG
CLEA	PARA B	PRIV C
A=1	PRIV C	A=3
B=1	A=2	B=3
C=1	C=2	C=3
DO SUB1 WITH A	?A,B,C	?A,B,C
?A,B,C	DO SUB2	RETU TO MASTER
RETU	B=2	
	RETU	

五、程序设计题(每小题 10 分,共 20 分)

1. 设计有如图 3-4 所示表单,其中文本框 text1 的 value 属性的初值为 0。其功能是表单运行后在文本框 text1 中输入一个数,单击"判断"按钮可以判断是否为奇数。如果是奇数,输出"该数是奇数!",否则输出"该数不是奇数!"。该程序能够循环处理,直接输入零(0)则关闭表单。请编写"判断"命令按钮的 Click 事件代码。

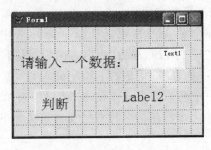

图 3-4 表单

2. 设有职工表和奖金表的表结构如下:

职工表(zg.DBF):职工号(C,7)(无重复值),姓名(C,6),工作日期(D).
奖金表(jj.DBF):职工号(C,7)(无重复值),部门号(C,4)(有重复值),奖金(N,5,1).

按如下要求编写一个程序:

根据以上两个表,可以通过键盘任意输入一个部门号(按回车键结束),按奖金从高到低显示该部门的职工姓名、工作年限(=系统当前日期的年份值-工作日期的年份值)及奖金,显示格式如下:

职工姓名   工作年限   奖金
……   ……   ……

3.3 二级考试上机样题(一)

Visual FoxPro 全国二级等级考试上机试题

一、**基本操作题**(共四小题,1、2 题 7 分,3、4 题 8 分)

1. 在数据库 salary_db 中建立表 dept,表的结构如下:

字段名	类型	宽度
部门号	字符型	2
部门名	字符型	20

随后在表中输入 5 条记录,记录的内容如下:

部门号	部门名
01	制造部
02	销售部
03	项目部
04	采购部
05	人事部

2. 为 dept 表创建一个主索引(升序),索引名和索引表达式均是"部门号"。

3. 通过"部门号"字段建立 salarys 表和 dept 表间的永久联系。

4. 为以上建立的联系设置参照完整性约束：更新规则为"级联"；删除规则为"限制"；插入规则为"限制"。

二、简单应用（每题 20 分，共 40 分）

在考生文件夹下完成如下简单应用：

1. 使用报表向导建立一个简单报表，要求选择 salarys 表中所有字段；记录不分组，报表样式为"随意式"；列数为"1"，字段布局为"列"，方向为"纵向"；排序字段为"雇员号"（升序）；报表标题为"雇员工资一览表"；报表文件名为 print1。

2. 在考生文件夹下有一个名称为 form1 的表单文件，表单中的两个命令按钮的 Click 事件下的语句都有错误，其中一个按钮的名称有错误。请按如下要求进行修改，修改完成后加以保存：

（1）将按钮"浏览雇员工资"名称修改为"浏览雇员工资"；

（2）单击"浏览雇员工资"命令按钮时，使用 select 命令查询 salarys 表中所有字段信息，供用户浏览；

（3）单击"退出表单"命令按钮时，关闭表单。

注意：每处错误只能在原语句上修改，不能增加语句行。

三、综合应用（每小题 15 分，计 30 分）

1. 请编写名称为 chang_C 的程序并执行，该程序实现下面功能：将雇员工资表 salarys 备份，备份文件名为 bak_salary1 的"工资"，对 salarys 表的"工资"进行调整（注意：按"雇员号"相同进行调整，并且只是部分雇员的工资进行了调整，其他雇员的工资不动）。

2. 设计一个名称为 form2 的表单，上面有"调整"（名称 command1）和"退出"（名称为command2）两个命令按钮，单击"调整"命令按钮，调用 chang_c 命令程序实现工资调整；单击"退出"按钮，关闭表单。

注意：两个命令按钮代码均只有一条命令，不可以有多余命令。

3.4 二级考试上机样题（二）

一、数据库建立（40 分）

1. 建立如下工资数据表文件 GZ. DBF，并输入相应数据。

2. 建立以 GZ. DBC 为文件名的数据库，并将以上的表文件添加到该数据库中。

职工号	姓名	岗位	基本工资	奖金	津贴	扣发	实发工资
1131	张记	高级	1650	200	50	80	
1203	孙之	中级	1306	150	50		
1936	王成	中级	1300	198	30	33	
1237	赵红	初级	1058	100	40		
1239	程名	工人	1080	60	20		
1301	胡朋	高级	1770	180	50	51	
1302	陆远	初级	978	70	30		
1502	杨清	科员	980	114	40	37	

二、重新按以下要求发放岗位津贴,分配原则如下:(40 分)

高级岗位人员津贴为 1200,中级岗位人员的津贴为 800,初级岗位人员的津贴为 500,对于其他人员,如果基本工资大于 1000,津贴为 200,低于 1000,津贴为 300。编写程序,程序文件名为 PROG1.PRG,其功能是:

1. 按以上要求修改人员的津贴,计算实发工资,并填入相应字段中。

2. 输入一种岗位,查找该岗位的全部记录,如果找到则显示,否则显示信息"没有该岗位人员!"提示信息。

三、表单设计(20 分)

为第一题设计数据输入及修改数据的表单,要求如下:

1. 必须以第一题的数据为依据。

2. 表单有添加、编辑、删除、退出功能。

3.5 高级语言程序设计模拟考试题 VFP

班级_____ 学号_____ 姓名_____

一、单项选择题(25 分,1 分/题)

1. 数学表达式 $0 \leqslant X \leqslant 10$ 在 Visual FoxPro 中应表示为( )。

A. 0<=X<=10   B. X>=0 OR X<=10

C. X>=0 AND X<=10   D. $0 \leqslant X$ .AND. $X \leqslant 10$

2. 在下面的 Visual FoxPro 表达式中,不正确的是( )。

A. {2002-05-01}+10   B. {2002-05-01}-DATE()

C. {2002-05-01}+DATE()   D. {2002-05-01 10:10:10AM}-10

3. 表文件共有 15 条记录,当前记录号是 10,执行命令 LIST NEXT 5 以后,当前记录号是( )。

A. 10   B. 15   C. 14   D. 20

4. 命令 SELECT 0 的功能是( )。

A. 选择当前没有被使用的最小工作区   B. 选择区号最小的工作区

C. 选择当前工作区的区号加 1 的工作区   D. 随机选择一个工作区的区号

5. 项目管理器将一个应用程序的所有文件集合成一个有机的整体,形成一个扩展名为( )的项目文件。

A. .DBC   B. .PJX   C. .PRG   D. .EXE

6. 用 SQL 语句建立表时为定义字段有效性,应在 SQL 语句中使用短语( )。

A. REFERENCES   B. PRIMARY KEY   C. CHECK   D. UNIQUE

7. 若 X=56.789,则命令 ?STR(X,2)-SUBS('56.789',5,1)的显示结果是( )。

A. 568   B. 578   C. 48   D. 49

8. 下面是关于"类"的描述,错误的是( )。

A. 一个类包含了相似的有关对象的特征和行为方法

B. 类只是实例对象的抽象

C. 类可以按所定义的属性、事件和方法进行实际的行为操作

D. 类并不进行任何行为操作,它仅仅表明该怎样做

9. 在表的索引类型中,主索引可以在(　　)中建立。

A. 自由表　　　　　　B. 数据库表　　　　　　C. 任何表　　　　　　D. 查询

10. 数据模型是对客观事务及其联系的数据描述,Visual FoxPro 是属于什么样的数据模型(　　)。

A. 层次模型　　　　　B. 网状模型　　　　　　C. 关系模型　　　　　D. 实体模型

11. 以下各表达式中,运算结果为日期型的是(　　)。

A. {^2008/5/5}－3 　　　　　　　　　　B. 06/05/99－2

C. CTOD('6/05/99')－DATE() 　　　　D. DTOC({^2008/6/18})

12. 在设置数据库中的表之间的永久关系时,以下说法正确的是(　　)。

A. 父表必须建立主索引,子表必须建立候选索引

B. 父表、子表都必须建立主索引

C. 父表必须建立主索引,子表可以不建立索引

D. 父表必须建立主索引,子表可以建立普通索引

13. 数据库文件的扩展名为(　　)。

A. .PRG　　　　　　　B. .DBC　　　　　　　C. .DBF　　　　　　　D. .MEM

14. 在关系运算中,查找满足一定条件的元组的运算称之为(　　)。

A. 投影　　　　　　　B. 选择　　　　　　　C. 关联　　　　　　　D. 复制

15. 可以链接或嵌入 OLE 对象的字段类型是(　　)。

A. 通用型和备注型　　B. 通用型　　　　　　C. 任何类型的字段　　D. 备注型

16. 下列操作中,不能用 MODIFY STRUCTURE 命令实现的操作是(　　)。

A. 对表中的字段名进行修改　　　　　　B. 为表增加字段

C. 对表中的记录数据进行修改　　　　　D. 删除表中的某些字段

17. 在 Visual FoxPro 中,在学生表查找姓王的学生,但没有按照姓名建立索引或者排序,请问用什么样的命令可以进行查找(　　)。

A. FIND　　　　　　　B. SEEK　　　　　　　C. LOCATE　　　　　D. FOUND()

18. 表单文件的扩展名中(　　)为表单信息的数据库表文件。

A. .SCX　　　　　　　B. .SCT　　　　　　　C. .FRX　　　　　　　D. .DBT

19. 控件可以分为容器类和控件类,以下(　　)属于容器类控件。

A. 标签　　　　　　　B. 命令按钮　　　　　　C. 复选框　　　　　　D. 命令按钮组

20. 表单的 Name 属性是(　　)。

A. 显示在表单标题栏中的名称　　　　　B. 运行表单程序时的程序名

C. 保存表单时的文件名　　　　　　　　D. 引用表单时的名称

21. 若要重新编辑一个名为 MY.PRG 的程序文件,应该使用的命令是(　　)。

A. DO　MY.PRG　　　　　　　　　　　B. MODIFY COMMAND　MY

C. EDIT　MY.PRG　　　　　　　　　　D. CREATE　MY.PRG

22. 若要让当前表单中的 COMMAND1 按钮上显示的文字为“计算”,正确的属性引用为(　　)。

A. THISFORM. COMMAND1. FONTNAME＝"计算"

B. THISFORM. COMMAND1. NAME＝"计算"

C. THISFORM. COMMAND1. VALUE＝"计算"

D. THISFORM. COMMAND1. CAPTION＝"计算"

23. 让控件获得焦点,使其成为活动对象的方法是(　　　)。

A. Show　　　　　　B. Release　　　　　　C. SetFocus　　　　　　D. GotFocus

24. 在 Visual FoxPro 中,为了将表单从内存中释放(清除),可将表单中退出命令按钮的 Click 事件代码设置为(　　　)。

A. ThisForm. Refresh　　　　　　　　B. ThisForm. Delete

C. ThisForm. Hide　　　　　　　　　　D. ThisForm. Release

25. 在 Visual FoxPro 中,运行表单 T1. SCX 的命令是(　　　)。

A. DO　T1　　　　　　　　　　　　B. RUN FORM T1

C. DO FORM T1　　　　　　　　　　D. DO　FROM　T1

二、填空题(20 分,每空 1 分)

1. 在表中,统计符合指定条件的记录个数,所使用的命令是(　①　)。

2. 逻辑删除当前表中满足条件的记录所使用的命令是(　②　)。

3. 在 SQL SELECT 语句中查询结果存放在一个表文件中应使用的子句是(　③　)。

4. 顺序执行以下命令,屏幕显示的结果是(　④　)。

```
SET EXACT ON
x="认真学习"
?x=x+"计算机知识"
```

5. 对数据库表,要限定有数据库表中的"性别"字段只能输入"男"或"女",则应在表设计器的字段选项卡中,选中"性别"字段,在字段有效性规则栏中输入的规则是(　⑤　)。

6. Visual FoxPro 系统中用属性描述对象的状态,用(　⑥　)来描述对象的行为。

7. 建立一个名为"人事管理"的数据库,应使用命令(写完整命令)(　⑦　)。

8. 在循环结构中,能强制退出循环的命令语句是(　⑧　)。

9. 设计算机等级考试成绩已经录入完毕,缺考者的记录上均打上删除标记"＊"。为计算实际参加考试者的平均分,请在以下操作命令序列中填空。

```
USE STUDENT
SET( ⑨ ).
AVERAGE ALL 成绩 TO ABG
```

10. 同一个表的多个索引可以创建在一个索引文件中,索引文件主文件名与表的主文件名同名,索引文件的扩展名为(　⑩　),这种索引称为复合索引。

11. 修改表结构的 SQL 命令是(　⑪　)。

12. 学生表中含有字段:学号 C(11)、姓名 C(8)、VFP 成绩 N(5,1)、籍贯 C(10),下面一段程序用于显示 VFP 成绩＞＝80 分的学生名单,请填空。

```
SET TALK OFF
CLEAR
USE 学生
```

```
SCAN FOR( ⑫  )
    DISP 学号,姓名,入学成绩
( ⑬ )
SET TALK ON
RETURN
```

13. 下面程序是求分段函数

$$f(x) = \begin{cases} 5 & x \geqslant 10 \\ x^4 & 0 \leqslant x < 10 \\ |x| & x < 0 \end{cases}$$

的值,请完善程序。

```
SET TALK OFF
CLEAR
INPUT "请输入 X: " TO X
DO CASE
  CASE X>=10
    Y=5
  CASE( ⑭  )
    Y=X^4
  OTHERWISE
    Y=( ⑮  )
  ( ⑯  )
?Y
SET TALK ON
RETURN
```

14. 用 SQL 语句实现计算职称为"讲师"的所有职工的平均工资:SELECT(⑰) FROM 教师(⑱)职称="讲师"

15. 用 SQL 语句实现将所有职工的工资提高 10%:(⑲) 教师(⑳)工资=工资*1.1

三、**简单操作题**(20 分,每题 4 分,按要求写出相关的命令或者 SQL 语句)

本题目涉及的基本表格结构如下:

学生(学号 C(5),姓名 C(8),性别 C(2),少数民族否 L,入学成绩 N(7,1),籍贯 C(10),出生日期 D)
成绩(学号 C(5),课程号 C(5),成绩 N(7,1))
课程(课程号 C(5),课程名 C(20),学分 N(3,1))

1. 在学生表中添加一个字段名 VFP,类型为数值型,宽度为 3,小数为 0 的字段。(用 SQL 命令)

2. 打开学生表,以学号降序建立排序文件,文件名为 XH.DBF。

3. 求少数民族学生中男生的平均入学成绩。

4. 查询入学成绩>600 分的学生的学号、姓名、入学成绩。(用 SQL 命令)

5. 查询每个学生的学号、姓名、课程名、平均成绩。(用 SQL 命令)

四、**读程序写运行结果**(20 分,每题 4 分)

1. 顺序执行以下命令后,屏幕显示的结果是(   )。

```
STORE  88.457  TO x
?STR(x,2)+"85"
```

2．执行下列语句序列之后,最后一条命令的显示结果是(　　)。

```
Y="33.77"
X=VAL(Y)
?&Y=X
```

3．写出下列程序运行的结果(　　)。

```
STORE 0 TO N,S
DO WHILE .T.
 N=N+2
 S=S+N
 IF N>5
   EXIT
 ENDIF
ENDDO
? "S="+STR(S,2)
RETURN
```

4．写出下列程序运行的结果(　　)。

```
CLEAR
SET  TALK  OFF
X=4
Y=8
zz=FU(X,Y)
?zz
SET TALK ON
RETURN
FUNCTION FU
PARAMETER A,B
A=A * B
RETURN B
```

5．写出下列程序执行的功能是(　　)。

```
CLEAR
USE 学生        && 有若干条记录,其中有性别字段,字符型
STORE 0 TO X,Y
  SCAN
    IF 性别="男"
        X=X+1
    ELSE
        Y=Y+1
    ENDIF
  ENDSCAN
?X,Y
USE
RETURN
```

五、编写程序(15 分)

1. 从键盘上输入学生成绩,若成绩大于 80 分,则输出"优秀",成绩小于 60 分,则输出"不及格",否则输出"中等"。(5 分)

2. 建立如图 3-5 所示的除法器表单,其功能是：输入除数和被除数,单击执行则计算出两个数据相除的结果(可以不管被除数为零的情况)。单击"清除"按钮,则将上次输入的数据和运算的结果都清除。单击"退出"按钮,则结束表单的运行。(10 分)

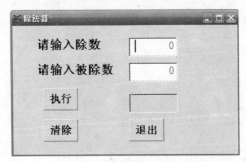

图 3-5　除法器表单

(1) 完成各对象属性设置。(5 分,每空 1 分)

对　象　名	属　性　名	属　性　值
Form1		除法器
Text1		0
Text2		. T.
	caption	执行
	caption	请输入除数

(2) 编写执行、清除和退出事件代码。(5 分)

3.6　全国高等学校非计算机专业计算机等级考试

Visual FoxPro 程序设计考试大纲

教学考核要求

1. 理解有关数据库系统的基础知识;
2. 理解面向对象程序设计的基本概念;
3. 掌握 Visual FoxPro 语言基础和数据库(表)操作方法;
4. 掌握关系数据库标准语言 SQL 及其应用;
5. 掌握 Visual FoxPro 常用设计器的操作及应用。

考试内容

一、数据库的基础知识

1. 数据库、数据库管理系统和数据库系统的基本概念;

2. 数据管理技术的产生和发展；

3. 数据库系统的组成及体系结构；

4. 数据库管理系统(DBMS)的功能；

5. 关系模式的基本术语、主要操作和数据完整性约束；

6. 面向对象程序设计的基本概念(包括类、对象、事件、方法和属性等)。

二、Visual FoxPro 应用基础

1. Visual FoxPro 系统的主要特点及运行环境

2. 数据类型

- 基本数据类型(数值型、字符型、日期型、逻辑型)
- 字段数据类型(通用型、备注型)
- 常量格式,变量命名规范及其作用域(LOCAL, PRIVATE, PUBLIC)

3. 常用文件类型

4. 常用函数

- 数值函数：ABS()、INT()、EXP()、LOG()、MAX()、MIN()、MOD()、RAND()、ROUND()、SQRT()等
- 字符串函数：TRIM()、LTRIM()、ALLTRIM()、AT()、SUBSTR()、SPACE()、RIGHT()、LEFT()、LEN()、LOWER()、UPPER()等
- 日期与时间函数：DATE()、TIME()、DAY()、MONTH()、YEAR()、DOW()、CDOW()等
- 类型转换函数：VAL()、STR()、ASC()、CHR()、CTOD()、CTOT()、DTOC()、TTOC()等
- 测试函数：BOF()、EOF()、DELETED()、FOUND()、RECNO()、RECCOUNT()、FILE()、IIF()、ISNULL()、EMPTY()、VARTYPE()等

系统对话框函数：MESSAGEBOX()等

5. 运算符与表达式

- 算术运算符、字符运算符、关系运算符、逻辑运算符、类与对象运算符、宏替换(&)
- 算术、字符、日期、关系和逻辑表达式及其运算
- 表达式输出命令(?,??)

6. 内存变量的操作

- 赋值(＝、STORE 命令)
- 列表与清除(LIST MEMORY、RELEASE、CLEAR MEMORY、CLEAR ALL 命令)
- 使用内存变量文件(SAVE、RESTORE 命令)

7. 数组的应用(DIMENSION、GATHER、SCATTER 命令)

8. 命令的一般格式、书写规则及命令的两种运行方式

三、数据库及数据表的基本操作

1. 数据库表(或自由表)的建立与数据的输入(CREATE、APPEND 命令)；备注和通用字段的输入和修改。

2. 数据表文件的打开与关闭、浏览窗口(Browse)与"表"菜单的功能使用(含相关命令的理解。如 GOTO、SKIP、LOCATE、REPLACE、DELETE、PACK、ZAP、RECALL 等)。

3. 表设计器的操作与修改表结构。

4. 数据表文件的复制（COPY TO、COPY STRUCTURE、COPY FILE命令）。

5. 数据库表的复合结构索引（索引种类、INDEX ON…TAG、REINDEX、SET ORDER TO、DELETE TAG、FIND、SEEK命令）。

6. 数据库设计器、数据库维护、表间永久关联、数据完整性操作。

四、关系数据库标准语言 SQL

1. SQL的数据定义功能：1) CREATE TABLE −SQL；2) ALTER TABLE −SQL

2. SQL的数据修改功能：1) DELETE −SQL；2) INSERT −SQL；3) UPDATE −SQL

3. SQL的数据查询功能（select from −SQL）

(1) 基本查询（包括关系的投影操作、选择操作、指定输出目标、结果排序等）；

(2) 带计算函数或分组查询（AVG()、SUM()、MAX()、MIN()、COUNT()）；

(3) 联接查询（主要是2个及以上数据表的自然连接）；

(4) 嵌套查询（或称子查询，将内查询的结果作为外查询的 WHERE 子句的条件组成，涉及多表和单表）

- 返回一个值的查询
- 返回一组的查询

五、项目管理器、各种设计器的使用

1. 使用项目管理器

- 使用"数据"选项卡（涉及库、表、查询、视图，存储过程不要求）；
- 使用"代码"选项卡（主要涉及程序）；
- 使用"文档"选项卡（主要涉及表单、报表，标签不要求）。

2. 使用查询设计器、视图设计器

3. 使用表单设计器

- 创建、保存和运行表单；
- 在表单中加入和修改控件对象；
- 设定数据环境（添加表、视图，建立永久关系）；
- 熟悉常用控件的主要属性、方法和用途（标签、文本框、列表框、命令按钮（组）、计时器、ActiveX绑定控件、选项按钮组、复选框、编辑框、组合框、表格等）。

4. 使用菜单设计器

- 建立主选项；
- 设计子菜单、快捷菜单；
- 设定菜单选项程序代码。

5. 使用报表设计器。

六、程序与程序设计

1. 程序文件的建立与执行

2. 程序的结构

- 顺序结构；
- 选择结构（IF…ELSE…ENDIF，DO CASE…ENDCASE）；
- 循环结构（DO WHILE…ENDDO，FOR…ENDFOR，SCAN…ENDSCAN）。

3. 过程与函数的定义方法、程序调用中的参数传递(PARAMETERS)

4. 基本程序设计(主要是简单数值算法的程序设计,如累加、最大值、求阶乘、判断素数等)

5. 面向对象的编程模型

6. 表单与控件的事件驱动模型(理解主要事件的意义,如 Click、Init、valid、Load、GetFocus、LostFocus、InterActiveChange、Timer 等)

7. 简单可视化、面向对象的程序设计

关于命题

1. 考试方式分为笔试和上机考试,两者均及格方为合格;

2. 笔试试卷各部分的比例大致为:10%、10%、15%、25%、10%、30%(按考试内容6个部分划分),上机试卷各部分的比例大致为:0%、10%、30%、20%、30%、10%(同前);

3. 笔试试题难易比例:2∶4∶2∶2(易、较易、较难、难4个等级);

4. 笔试试题的题型及各题型比例

试题的题型主要有:单项选择题、判断题、填空题、阅读程序、写程序。

各题型比例:单项选择题(30%)、判断题(10%)、填空题(20%)、阅读程序(20%)、写程序(20%)。

3.7 全国计算机等级考试二级 VFP 大纲

◆ 基本要求

1. 具有数据库系统的基础知识。

2. 基本了解面向对象的概念。

3. 掌握关系数据库的基本原理。

4. 掌握数据库程序设计方法。

5. 能够使用 Visual FoxPro 建立一个小型数据库应用系统。

◆ 基础知识

1. 基本概念:数据库、数据模型、数据库管理系统、类和对象、事件、方法。

2. 关系数据库:

(1) 关系数据库:关系模型、关系模式、关系、元组、属性、域、主关键字和外部关键字。

(2) 关系运算:选择、投影、连接。

(3) 数据的一致性和完整性:实体完整性、域完整性、参照完整性。

3. Visual FoxPro 系统特点与工作方式:

(1) Windows 版本数据库的特点。

(2) 数据类型和主要文件类型。

(3) 各种设计器和向导。

(4) 工作方式:交互方式(命令方式、可视化操作)和程序运行方式。

4. Visual FoxPro 的基本数据元素:

(1) 常量、变量、表达式。

(2) 常用函数：字符处理函数、数值计算函数、日期时间函数、数据类型转换函数、测试函数。

一、Visual FoxPro 数据库的基本操作

1. 数据库和表的建立、修改与有效性检验。

(1) 表结构的建立与修改。

(2) 表记录的浏览、增加、删除与修改。

(3) 创建数据库，向数据库添加或移出表。

(4) 设定字段级规则和记录规则。

(5) 表的索引：主索引、候选索引、普通索引、唯一索引。

2. 多表操作。

(1) 选择工作区。

(2) 建立表之间的关联：一对一的关联；一对多的关联。

(3) 设置参照完整性。

(4) 建立表间临时关联。

3. 建立视图与数据查询。

(1) 查询文件的建立、执行与修改。

(2) 视图文件的建立、查看与修改。

(3) 建立多表查询。

(4) 建立多表视图。

二、关系数据库标准语言 SQL

1. SQL 的数据定义功能。

(1) CREATE TABLE —SQL。

(2) ALTER TABLE —SQL。

2. SQL 的数据修改功能。

(1) DELETE —SQL。

(2) INSERT —SQL。

(3) UPDATE —SQL。

3. SQL 的数据查询功能。

(1) 简单查询。

(2) 嵌套查询。

(3) 连接查询。内连接外连接：左连接、右连接、完全连接

(4) 分组与计算查询。

(5) 集合的并运算。

三、项目管理器、设计器和向导的使用

1. 使用项目管理器。

(1) 使用"数据"选项卡。

(2) 使用"文档"选项卡。

2. 使用表单设计器。

(1) 在表单中加入和修改控件对象。

（2）设定数据环境。

3．使用菜单设计器。

（1）建立主选项。

（2）设计子菜单。

（3）设定菜单选项程序代码。

4．使用报表设计器。

（1）生成快速报表。

（2）修改报表布局。

（3）设计分组报表。

（4）设计多栏报表。

5．使用应用程序向导。

6．应用程序生成器与连编应用程序。

四、Visual FoxPro 程序设计

1．命令文件的建立与运行。

（1）程序文件的建立。

（2）简单的交互式输入、输出命令。

（3）应用程序的调试与执行。

2．结构化程序设计。

（1）顺序结构程序设计。

（2）选择结构程序设计。

（3）循环结构程序设计。

3．过程与过程调用。

（1）子程序设计与调用。

（2）过程与过程文件。

（3）局部变量和全局变量、过程调用中的参数传递。

4．用户定义对话框（MESSAGEBOX）的使用。

第 **4** 部分

同步练习题

4.1 数据库系统基础知识

一、选择题

1. 用 Visual FoxPro 进行人事档案管理属于计算机的（   ）。

A. 科学计算应用　　B. 过程控制应用　　C. 数据处理应用　　　D. 辅助工程应用

2. 数据库系统与文件系统的主要区别是（   ）。

A. 文件系统简单，而数据库系统复杂

B. 文件系统只能管理数据文件，而数据库系统能管理各种类型的文件

C. 文件系统只能管理少量数据，而数据库系统能管理大量数据

D. 文件系统不能解决数据冗余和数据独立性问题，而数据库系统可以

3. 在数据库系统中，DBMS 是一种（   ）。

A. 采用了数据库技术的计算机系统

B. 包含操作系统在内的数据管理软件系统

C. 位于用户与操作系统之间的一层数据管理软件

D. 包括数据库管理人员、计算机软硬件以及数据库系统

4. 为了以最佳方式为多种应用服务，将数据集中起来以一定的组织方式存放在计算机的外部存储器中，就构成了（   ）。

A. 数据库　　　　　B. 数据操作系统

C. 数据库系统　　　D. 数据库管理系统

5. 在有关数据库的概念中，若干记录的集合称为（   ）。

A. 文件　　　　　B. 字段　　　　　C. 数据项　　　　　D. 表

6. 数据库、数据库系统、数据库管理系统这 3 者之间的关系是（   ）。

A. 数据库系统包含数据库和数据库管理系统

B. 数据库包含数据库系统和数据库管理系统

C. 数据库管理系统包含数据库和数据库系统

D. 数据库系统就是数据库，也就是数据库管理系统

7. 一般说来，数据库管理系统主要适合于用做（   ）。

A. 表格计算　　　　B. 资料管理　　　　C. 数据通信　　　　D. 文字处理

8. 关于数据库系统三级模式的说法,下列哪个是正确的?（　　）

A. 外模式只有一个,模式和内模式有多个

B. 外模式有多个,模式和内模式都只有一个

C. 外模式、模式、内模式都只有一个

D. 3个模式中,只有模式才是真正存在的

9. 在有关数据管理的概念中,数据模型是指（　　）。

A. 记录的集合　　　　　　　　　　　B. 文件的集合

C. 记录及其联系的集合　　　　　　　D. 网状层次型数据库管理系统

10. Visual FoxPro 数据库管理系统的数据模型是（　　）。

A. 结构型　　　　B. 关系型　　　　C. 网状型　　　　D. 层次型

11. Visual FoxPro 是关系数据库管理系统,所谓关系是指（　　）。

A. 二维表中各条记录中的数据彼此有一定的关系

B. 一维表中各个字段彼此有一定的关系

C. 一个表与另一个表之间有一定的关系

D. 数据模型满足一定条件的二维表格

12. 关系数据库管理系统存储与管理数据的基本形式是（　　）。

A. 关系树　　　　B. 二维表　　　　C. 文本文件　　　　D. 结点路径

13. 联接运算要求联接的两个关系有相同的（　　）。

A. 主键　　　　B. 属性名　　　　C. 实体名　　　　D. 主属性名

14. 用二维表来表示实体与实体之间联系的数据模型称为（　　）。

A. 网状模型　　　　B. 关系模型　　　　C. 层次模型　　　　D. 面向对象模型

15. 在教学管理中,一名学生可以选择多门课程,一门课程可以被多名学生选择,这说明学生记录型与课程记录型之间的联系是（　　）。

A. 一对一　　　　B. 一对多　　　　C. 多对多　　　　D. 未知

16. 一个关系相当于一张二维表,二维表中的各栏目相当于该关系的（　　）。

A. 元组　　　　B. 结构　　　　C. 数据项　　　　D. 属性

17. 如果一个关系中的属性或属性组不是该关系的关键字,但它们是另外一个关系的关键字,则称这个关键字为该关系的（　　）。

A. 内关键字　　　　B. 主关键字　　　　C. 外关键字　　　　D. 关系

18. 如果一个关系中的一个属性或属性组能够唯一地标识一个元组,那么称该属性或属性组为（　　）。

A. 主关键字　　　　B. 候选关键字　　　　C. 外关键字　　　　D. 关系

19. 在关系型数据库管理系统中,所谓关系是指（　　）。

A. 各个字段数据之间存在着一定的关系

B. 各条数据记录之间存在着一定的关系

C. 一个数据库与另一个数据库之间存在着一定的关系

D. 满足一定条件的一个二维数据表格

20. 在关系运算中,查找满足一定条件的元组的运算称之为（　　）。

A. 投影　　　　B. 选择　　　　C. 关联　　　　D. 复制

21. 一个关系型数据库管理系统所应具备的3种基本关系操作是(　　)。

A. 筛选、投影与连接 　　　　　　　B. 排序、索引与查询

C. 插入、删除与修改 　　　　　　　D. 编辑、浏览与替换

22. 如果要改变一个关系中属性的排列顺序,应使用的关系运算是(　　)。

A. 连接 　　　　B. 选取 　　　　C. 投影 　　　　D. 重建

23. 在关系型数据库管理系统中,一个关系对应一个(　　)。

A. 记录 　　　　B. 字段 　　　　C. 表文件 　　　　D. 数据库文件

24. 设职工档案表中有编号、姓名、年龄、职务、籍贯等字段,其中可作为关键字的字段是(　　)。

A. 编号 　　　　B. 姓名 　　　　C. 年龄 　　　　D. 职务

25. 关系中的"主关键字"不允许取空值是指(　　)约束规则。

A. 实体完整性 　　　　　　　　　　B. 数据完整性

C. 引用完整性 　　　　　　　　　　D. 用户定义的完整性

二、填空题

1. 信息是有用的(　　)。

2. 数据是信息的表现(　　)。

3. Visual FoxPro 是一种(　①　)系统,它在支持标准的面向过程的程序设计方式的同时还支持(　②　)的程序设计方式。

4. 数据模型不仅表示反映事物本身的数据,而且还表示(　　)。

5. 数据库中的数据之间是有一定的结构的,这种结构是由数据库管理系统所支持的(　　)表现出来的。

6. 数据库是数据库系统的(　①　)和(　②　)对象。

7. 数据库管理系统常见的数据模型有层次型、网状型和(　　)3种。

8. 在 Visual FoxPro 中,一个记录是由若干个(　①　)组成的,而若干个记录则构成了一个(　②　)。

9. 用二维表的形式来表示实体之间的联系的数据模型叫做(　　)。

10. 二维表中的每一列称为一个字段,或称为关系的一个(　①　);二维表中的每一行称为一个记录,或称为关系的一个(　②　)。

11. 为改变关系的属性排列顺序,应使用关系运算中的(　　)运算。

12. 在一个关系中有这样一个或几个字段,它(们)的值可以唯一地标识一条记录,这样的字段被称为(　　)。

13. 在关系数据库的基本操作中,从关系中抽取满足条件的元组的操作称为(　①　);从关系中抽取指定列的操作称为(　②　);将两个关系中相同属性值的元组连接到一起而形成新的关系的操作称为(　③　)。

14. 对某个关系进行选择、投影或联接运算后,运算的结果仍然是一个(　　)。

15. 域完整性包括数据类型、宽度及(　　)。

三、参考答案

选择题

1. C　2. D　3. C　4. A　5. D　6. A　7. B　8. B　9. C　10. B　11. D　12. B

13. B　14. B　15. C　16. D　17. C　18. B　19. D　20. B　21. A　22. C　23. C
24. A　25. A

填空题

1. 数据　2. 形式　3. ①数据库管理　②面向对象

4. 事物之间的联系　5. 数据模型　6. ①核心　②管理

7. 关系型　8. ①字段　②表　9. 关系模型

10. ①属性　②元组　11. 投影　12. 关键字

13. ①选择　②投影　③联接　14. 关系　15. 字段有效性规则或域约束规则

4.2　Visual FoxPro 操作基础

一、选择题

1. 用户启动 Visual FoxPro 后,若要退出 Visual FoxPro 回到 Windows 环境,可在命令
窗中输入( )命令。

　A. EXIT　　　　　B. QUIT　　　　　C. CLOSE　　　　　D. CLOSE ALL

2. Visual FoxPro"文件"菜单中的"关闭"选项是用来关闭( )。

　A. 所有窗口　　　　　　　　　　B. 当前工作区中已打开的数据库

　C. 所有已打开的数据库　　　　　D. 当前活动的窗口

3. 以下( )不是标准下拉式菜单的组成部分。

　A. 菜单项　　　　B. 菜单条　　　　C. 菜单标题　　　　D. 快捷菜单

4. 在 Visual FoxPro 环境下,隐藏命令窗口可选择"窗口"菜单中的( )选项。

　A. 循环　　　　　B. 清除　　　　　C. 隐藏　　　　　D. 命令窗口

5. 以下给出的四种方法中,不能重新显示命令窗口的选项是( )。

　A. 按 Ctrl+F2 键

　B. 单击常用工具栏中的"命令窗口"按钮

　C. 打开"窗口"菜单,选择"命令窗口"选项

　D. 打开"文件"菜单,选择"打开"选项

6. 以下有关 Visual FoxPro 工作方式的叙述,正确的是( )。

　A. 只有一种工作方式,即命令工作方式

　B. 有两种工作方式,即键盘和鼠标方式

　C. 有两种工作方式,即命令和程序方式

　D. 有 3 种工作方式,即命令、程序和菜单方式

7. 不是 Visual FoxPro 可视化编程工具的是( )。

　A. 向导　　　　　B. 生成器　　　　C. 设计器　　　　D. 程序编辑器

8. 启动 Visual FoxPro 向导的方法是( )。

　A. 单击工具栏上的向导按钮

　B. 选择"工具"菜单中的"向导"选项,单击相应的类型

　C. 选择"文件"菜单中的"新建"选项,再选择文件类型,单击"向导"按钮

　D. 以上方法都可以

二、填空题

1. Visual FoxPro 6.0 的 3 种基本操作方式为：命令方式、(①)方式和(②)方式。

2. Visual FoxPro 6.0 的菜单形式有(①)、(②)和(③)3 种。

3. Visual FoxPro 6.0 提供了大量的辅助设计工具,可分为(①)、(②)和(③) 3 类。

4. 常用的 Visual FoxPro 6.0 有( )种向导。

5. 常用的 Visual FoxPro 6.0 有( )种设计器。

6. 常用的 Visual FoxPro 6.0 有( )种生成器。

7. 隐藏命令窗口的方法有：打开"窗口"菜单,选择"隐藏"选项,或单击命令窗口的关闭按钮;或者直接按组合键( )。

8. 设置用户默认文件目录,在"选项"窗口,应选择( )选项卡。

三、参考答案

选择题

1. B 2. D 3. D 4. C 5. D 6. D 7. D 8. D

填空题

1. ①菜单 ②程序运行

2. ①下拉式菜单 ②弹出式菜单 ③快捷菜单

3. ①向导 ②设计器 ③生成器

4. 18 5. 10 6. 11 7. Ctrl+F4 8. 文件位置

4.3 Visual FoxPro 的数据及其运算

一、选择题

1. 在 Visual FoxPro 中,( )是合法的字符串。

A. ""计算机等级考试""　　　　　　　　B. [[计算机等级考试]]

C. ['计算机等级考试']　　　　　　　　　D. {'计算机等级考试'}

2. 对于只有两种取值的字段,一般使用( )数据类型。

A. 字符型　　　　B. 数值型　　　　C. 日期型　　　　D. 逻辑型

3. 在 Visual FoxPro 表文件中,逻辑型、日期型、备注型的数据宽度分别是( )。

A. 1,8,10　　　　B. 1,8,254　　　　C. 1,8,4　　　　D. 1,8,任意

4. Visual FoxPro 中表文件的扩展名为( )。

A. .DBF　　　　B. .DBC　　　　C. .DCT　　　　D. .CDX

5. 一个表文件中多个备注型字段的内容是存放在( )。

A. 一个文本文件中　　　　　　　　B. 一个备注文件中

C. 多个备注型文件中　　　　　　　D. 这个表文件中

6. 表文件中,备注型字段的宽度是 4 个字节,它是用来存放( )的。

A. 备注的具体内容　　　　　　　　B. 该备注信息所在的.DBF 文件名

C. 该备注信息所在的记录号　　　　D. 指向相应.FPT 文件的指针

7. 可以链接或嵌入 OLE 对象的字段类型是（　　）。

A. 备注型　　　　　　　　　　B. 通用型和备注型

C. 通用型　　　　　　　　　　D. 任何类型的字段

8. 在 Visual FoxPro 的数据中，5.6E－4 是一个（　　）。

A. 数值常量　　　　　　　　　B. 合法的表达式

C. 字符常量　　　　　　　　　D. 非法的表达式

9. 在下面的 Visual FoxPro 表达式中，不正确的是（　　）。

A. {2002-05-01}＋10　　　　　　B. {2002-05-01}－DATE()

C. {2002-05-01}＋DATE()　　　　D. {2002-05-01 10:10:10AM}－10

10. 用于存储内存变量的文件扩展名为（　　）。

A. .PRG　　　　B. .FPT　　　　C. .CDX　　　　D. .MEM

11. 下列数据中合法的 Visual FoxPro 常量是（　　）。

A. 01/10/2007　　B. .y.　　　　C. True　　　　D. 75%

12. 用命令 DIMENSION S(3,4)定义后，S 数组中共有（　　）个数据元素。

A. 3　　　　　　B. 4　　　　　　C. 7　　　　　　D. 12

13. 设已经定义了一个一维数组 A(6)，并且 A(1)到 A(4)各数组元素的值依次是1,3,5,2。然后又定义了一个二维数组 A(2,3)，执行命令?A(2,2)后，显示的结果是（　　）。

A. 变量未定义　　B. 4　　　　　　C. 2　　　　　　D. .F.

14. 在 Visual FoxPro 中，数组元素定义后，其元素初值为（　　）。

A. 0　　　　　　B. .T.　　　　　C. .F.　　　　　D. 无

15. 下列有关数组的说法，不正确的是（　　）。

A. 在 Visual FoxPro 中，只有一维数组和二维数组

B. 数组在使用 DIMENSION 命令定义之后，就已经有了初值

C. 数组中各个元素的数据类型必须一致

D. 通过数组的重新定义，可以将一维数组变成二维数组

16. 执行以下命令序列后，显示结果是（　　）。

```
DIMENSION Q(2,3)
Q(1,1)=1
Q(1,2)=2
Q(1,3)=3
Q(2,1)=4
Q(2,2)=5
Q(2,3)=6
?Q(2)
```

A. 变量未定义　　B. 4　　　　　　C. 2　　　　　　D. F

17. 若内存变量名与当前打开的表中的一个字段名均为 name，则执行?name命令后显示的是（　　）。

A. 内存变量的值　　B. 随机　　　　C. 字段变量的值　　D. 错误信息

18. 在 Visual FoxPro 程序中使用的内存变量分两类，它们是（　　）。

A. 全局变量和局部变量　　　　　B. 简单变量和数组变量

C. 字符变量和数组变量　　　　　　　　D. 一般变量和下标变量

19. 下列的(　　)是字段变量特有而内存变量所没有的数据类型。

A. 逻辑型　　　　　B. 浮点型　　　　　C. 字符型　　　　　D. 日期型

20. 在 Visual FoxPro 中,可以使用的变量有(　　)。

A. 内存变量、字段变量和系统内存变量　　B. 内存变量和自动变量

C. 字段变量和简单变量　　　　　　　　D. 全局变量和局部变量

21. 以下关于内存变量的叙述中,错误的是(　　)。

A. 内存变量的类型可以改变

B. 数组是按照一定顺序排列的一组内存变量

C. 在 Visual FoxPro 中,内存变量的类型取决于其值的类型

D. 一个数组中各数据元素的数据类型必须相同

22. 使用 SAVE TO abc 命令可以把内存变量存储到磁盘上,该文件的文件名是(　　)。

A. ABC.FPT　　　B. ABC.TXT　　　C. ABC.MEM　　　D. ABC.DBT

23. 要把以"M"为变量名中第三个字符的全部内存变量存入内存变量文件 ST. MEM 中,应使用命令(　　)。

A. SAVE　ALL LIKE??M? TO ST　　B. SAVE ALL LIKE ＊＊M＊ TO ST

C. SAVE ALL EXCEPT??M＊ TO ST　D. SAVE ALL LIKE??M＊ TO ST

24. 以下命令中,可以显示"大学"的是(　　)。

A. ?SUBSTR("清华大学信息院",5,4)　B. ?SUBSTR("清华大学信息院",5,2)

C. ?SUBSTR("清华大学信息院",3,2)　D. ?SUBSTR("清华大学信息院",3,4)

25. 若 X＝56.789,则命令?STR(X,2)－SUBS('56.789',5,1)的显示结果是(　　)。

A. 568　　　　　　B. 578　　　　　　C. 48　　　　　　D. 49

26. 若 DATE＝'99/11/20',表达式 ＆DATE 的结果的数据类型是(　　)。

A. 日期型　　　　　B. 数值型　　　　　C. 字符型　　　　　D. 不确定

27. 函数 DAY(08/09/98)返回值是(　　)。

A. 计算机日期　　　B. 出错信息　　　　C. 8　　　　　　　D. 9

28. 以下命令中正确的是(　　)。

A. STORE 10 TO X,Y　　　　　　　B. STORE 10,10 TO X,Y

C. X＝10,Y＝10　　　　　　　　　D. X＝Y＝'10'

29. 顺序执行以下赋值命令之后,下列表达式中错误的是(　　)。

A＝"842"
B＝5＊8
C＝"ABC"

A. STR(B)＋C　　　　　　　　　　B. VAL(A)＋B

C. ＆A＋B　　　　　　　　　　　　D. ＆B＋C

30. 执行以下命令后显示的结果是(　　)。

N＝'356.54'
?'87'＋＆N

A. 443.54　　　　B. 87+&N　　　　C. 87356.54　　　　D. 错误信息

31. 以下各表达式中,运算结果为数值型的是( )。

A. DATE()−30　　　　　　　　B. YEAR=2003

C. RECNO()>12　　　　　　　　D. AT('IBM','Computer')

32. 以下各表达式中,运算结果为字符型的是( )。

A. SUBS('123.45',5)　　　　　　B. 'IBM' $ 'Computer'

C. ?ROUND(PI(),3)　　　　　　　D. YEAR='1999'

33. 以下各表达式中,运算结果为日期型的是( )。

A. 04/05/98−2　　　　　　　　B. CTOD('04/05/98')−DATE()

C. CTOD('04/05/98')−3　　　　　D. DATE()−"04/05/98"

34. 设当前表有16条记录,当EOF()为真时,命令?RECNO()的显示结果是( )。

A. 0　　　　　　B. 17　　　　　　C. 16　　　　　　D. 空

35. 打开一个空表文件,分别用函数EOF()和BOF()测试,其结果一定是( )。

A. .T.和.F.　　B. .F.和.F.　　C. .T.和.T.　　D. .F.和.T.

36. 执行如下命令序列后,显示的结果是( )。

```
STORE 100 TO YA
STORE 200 TO YB
STORE 300 TO YAB
STORE "A" TO N
STORE "Y&N" TO M
?&M
```

A. 100　　　　　　B. 200　　　　　　C. 300　　　　　　D. Y&M

37. 要判断数值型变量Y是否能被3整除,错误的条件表达式为( )。

A. MOD(Y,3)=0　　　　　　　　B. INT(Y/3)=Y/3

C. Y%3=0　　　　　　　　　　D. INT(Y/3)=MOD(Y,3)

38. 命令?VARTYPE("12/31/99")的输出结果为( )。

A. C　　　　　　B. D　　　　　　C. N　　　　　　D. U

39. 条件函数IIF(LEN(SPACE(3))>2,1,−1)的值是( )。

A. 1　　　　　　B. −1　　　　　　C. 2　　　　　　D. 错误

40. 假设CJ=79,则函数:IIF(CJ>=60,IIF(CJ>=85,"优秀","良好"),"差")返回的结果是( )。

A. 85　　　　　　B. 优秀　　　　　　C. 良好　　　　　　D. 差

41. 假设A=321,B=635,C="A+B",则?VARTYPE("100+&C")的结果是( )。

A. N　　　　　　B. C　　　　　　C. U　　　　　　D. 错误信息

42. 执行下列命令后,输出的结果是( )。

```
D="*"
?"3&D.8="+STR(3&D.8,2)
```

A. 3&D.8=24　　B. 3&D.8=0　　C. 3*.8=38　　D. 3*8=24

43. 函数LEN(TRIM(SPACE(8))−SPACE(8))返回的值是( )。

A. 0   B. 16   C. 8   D. 出错

44. 函数 YEAR("12/31/99")的返回值是( )。

A. 99   B. 1999   C. 2099   D. 出错

45. 执行下列命令序列后,输出的结果是( )。

```
X="ABCD"
Y="EFG"
?SUBSTR(X,IIF(X<>Y,LEN(Y),LEN(X)),LEN(X)-LEN(Y))
```

A. A   B. B   C. C   D. D

46. 执行如下的命令后,屏幕的显示结果是( )。

```
AA="Visual FoxPro"
?UPPER(SUBSTR(AA,1,1))+LOWER(SUBSTR(AA,2))
```

A. visual FOXPRo   B. Visual foxpro

C. Visual FOXPRo   D. VISUAl FOXPro

47. 执行下列语句序列之后,最后一条命令的显示结果是( )。

```
Y="33.77"
X=VAL(Y)
?&Y=X
```

A. 33.77   B. .T.   C. .F.   D. 出错信息

48. 命令?LEN(str(86.2,5,1))的执行结果是( )。

A. 2   B. 6   C. 8   D. 5

49. 命令?ROUND(42.1998,2)的结果是( )。

A. 42.2000   B. 42.20   C. 42.00   D. 42.19

50. 若 N="123.45",则执行命令?67+&N 的结果是( )。

A. 67123.45   B. 190.45   C. 67+&N   D. 124.

51. 执行:X="Y"、Y="X"、?&X+&Y 三条命令后,显示的结果是( )。

A. XY   B. YX   C. X+Y   D. 出错信息

52. 以下各表达式中,运算结果为数值型的是( )。

A. -50   B. "D" $ "ADDK"   C. 90>60   D. TIME()+9

53. 在 Visual FoxPro 中,MIN(ROUND(6.89,1),9)的值是( )。

A. 6   B. 6.9   C. 7   D. 6.8

54. 在下列表达式中,运算结果为数值的是( )。

A. [9876]-[678]   B. LEN(SPACE(5))-1

C. CTOD('10/10/99')-30   D. 880+120=1000

55. 函数 LEN(SPACE(5)-SPACE(3))的值是( )。

A. 2   B. 3   C. 5   D. 8

56. 执行下列命令序列后,变量 NDATE 的显示值是( )。

```
STORECTOD("05/07/99")TO MDATE
NDATE=MDATE+2
```

?NDATE

　A. 05/09/99　　　B. 07/07/99　　　C. 05/07/99　　　　D. 07/09/98

57. 假定已经执行了命令 M＝[45＋3],再执行命令?M,屏幕将显示(　　)。

　A. 48.00　　　　B. 45＋3　　　　C. [45＋3]　　　　D. 48

58. 函数 LEN('123'－'123')的值是(　　)。

　A. 0　　　　　　B. 6　　　　　　C. 3　　　　　　　D. 7

59. 当 EOF()函数为.T.时,记录指针指向当前表文件的(　　)。

　A. 第一条记录　　　　　　　　　B. 某一条记录

　C. 最后一条记录　　　　　　　　D. 最后一条记录的下面

60. 设系统日期是 2003 年 1 月 1 日,则表达式 DTOC(DATE())＋28 的值是(　　)。

　A. 2003/01/29　　B. 2003/01/0128　　C. 2031/1/01　　　D. 出错信息

61. 数学表达式 4≤X≤7 在 Visual FoxPro 中应表示为(　　)。

　A. X＞＝4. OR. X＜＝7　　　　　B. X＞＝4. AND. X＜＝7

　C. X≤7. AND. 4≤X　　　　　　D. 4≤X. OR. X≤7

62. 下列式子中,合法的 Visual FoxPro 表达式是(　　)。

　A. CTOD("02/15/98")＋DATE()　　　B. "abc"＋SPACE(5)＋VAL("456")

　C. ASC("ABCD")＋"28"　　　　　　D. CHR(65)＋STR(1500.8935,6)

63. 下列式子中,(　　)肯定不是合法的 Visual FoxPro 表达式。

　A. [9876]－AB　　　　　　　　　B. NAME＋"NAME"

　C. 11/16/99　　　　　　　　　　D. ZC＝"教授". OR. "副教授"

64. 下列表达式结果为.F. 的是(　　)。

　A. '55'＞'500'　　　　　　　　　B. '女'＜'男'

　C. DATE()＋3＞DATE()　　　　　D. 'CHINA'＞'CANADA'

65. 与. NOT. (n＜＝50. AND. n＞＝15)等价的条件是(　　)。

　A. n＞50. OR. n＜15　　　　　　B. n＜50. OR. n＞15

　C. n＜50. AND. n＞15　　　　　　D. n＞50. AND. n＜15

66. 执行以下命令后显示的结果是(　　)。

```
STORE 3＋4＜9 TO A
B='.T.','＞'.'F'
?A.AND.B
```

　A. . T.　　　　B. . F.　　　　C. A　　　　　D. B

67. 假定字符串 A＝"123",B＝"234",则下列表达式中运算结果为逻辑假的是(　　)。

　A. .NOT. (A＞＝B)　　　　　　　B. .NOT. A $ "ABC".AND. A＜＞B

　C. . NOT. (A＜＞B)　　　　　　　D. .NOT. (A＝B).OR. B $ "13579"

68. 假定 X＝8,执行命令?X＝X＋1 后,结果是(　　)。

　A. 9　　　　　B. 8　　　　　　C. . T.　　　　D. . F.

69. 以下各表达式中,属于不合法的 Visual FoxPro 逻辑型表达式的是(　　)。

　A. 25 ＜年龄＜ 35　　B. FOUND()　　C. . NOT. . T.　　D. "ab" $ "abd"

70. 逻辑运算符从高到低的运算优先级是（　　）。

A. .AND. →.OR. →.NOT.　　　　　　B. .OR. →.NOT. →.AND.

C. .NOT. →.AND. →.OR.　　　　　　D. .NOT. →.OR. →.AND.

二、填空题

1. 内存变量文件的扩展名为（　①　），若将保存在 MM 内存变量文件中的内存变量读入内存，实现该功能的命令是（　②　）。

2. 字段变量的类型在定义（　　　）时定义。

3. 自由表中字段名长度最长是（　　　）个字符。

4. 执行 DIMENSION a(2,3)命令后，数组 a 的各数组元素的类型是（　①　），值是（　②　）。

5. 在 Visual FoxPro 表中，放置相片信息的字段类型是（　①　），可用字母（　②　）表示此字段类型，该类型字段的长度为（　③　）。

6. 在 Visual FoxPro 的表中，通用型字段是用来放置特定的 OLE 对象的，OLE 的中文名称是（　①　）。OLE 对象的数据，实际上是存储在扩展名为（　②　）的文件中的。

7. 设 Visual FoxPro 的当前状态已设置为 SET EXACT OFF，则命令？"你好吗？"＝[你好]的显示结果是（　　　）。

8. 在 Visual FoxPro 中，要将系统默认磁盘设置为 A 盘，可执行命令（　　　）。

9. 在 Visual FoxPro 中，要将含有备注型字段的表 DZ.DBF 文件名更改为 AB.DBF，应使用命令（　①　）和（　②　）。

10. 设 XYZ＝"170"，函数 MOD(VAL(XYZ),8)的值是（　　　）。

11. 为使日期型数据能够显示世纪（即年为 4 位），应该使用命令（　　　）。

12. 顺序执行以下命令序列：

```
STORE 123.456 TO A
STORE STR(A+A,5) TO B
STORE ASC (B) TO C
?LEN (B)
```

内存变量 A 和 C 的数据类型分别是（　①　）、（　②　），最后一条命令的输出结果是（　③　）。

13. 对以下命令填空，使最后的输出结果为"庆祝中国申办 2008 年奥运会成功"。

```
s1="2008 年奥运会庆祝中国成功申办"
s2=( ① )(s1,13,8)+( ② )(s1,4)+( ③ )(s1,12)+SUBS(s1,21,4)
?s2
```

14. 顺序执行以下命令后，屏幕显示的结果是（　　　）。

```
STORE "20.45" TO x
?STR(x,2)+"85"
```

15. 顺序执行如下两条命令后，显示的结果是（　　　）。

```
m="ABC',
?m=m+"DEP"
```

三、参考答案

选择题

1. C 2. D 3. C 4. A 5. B 6. D 7. C 8. A 9. C 10. D
11. B 12. D 13. D 14. C 15. C 16. C 17. C 18. B 19. B 20. A
21. D 22. C 23. D 24. A 25. B 26. B 27. D 28. A 29. C 30. D
31. D 32. A 33. C 34. B 35. C 36. A 37. D 38. A 39. A 40. C
41. B 42. D 43. C 44. D 45. C 46. A 47. B 48. D 49. B 50. D
51. A 52. A 53. B 54. B 55. D 56. A 57. B 58. B 59. D 60. D
61. B 62. D 63. D 64. B 65. A 66. D 67. C 68. D 69. A 70. C

填空题

1. ①. MEM ②RESTORE FROM MM 2. 表结构 3. 10 4. ①逻辑型 ②. F.
5. ①通用型 ②G ③4 6. ①对象的链接与嵌入 ②. FPT 7. . T.
8. SET DEFAULT TO A.
9. ①RENAME DZ. DBF TO AB. DBF ②RENAME DZ. FPT TO AB. FPT
10. 2.00 11. SET CENTURY ON 12. ①N ②N ③5
13. ①SUBSTR ②RIGHT ③LEFT 14. 208520. 45 15. . F.

4.4 自由表的基本操作

一、选择题

1. 下面有关字段名的叙述中,错误的是(　　)。
A. 字段名必须以字母或汉字开头
B. 自由表的字段名最大长度为 10
C. 字段名中可以有空格
D. 数据库表中可以使用长字段名,最大长度为 128 个字符

2. 某表有姓名(字符型,宽度为 6)、入学总分(数值型,宽度为 6,小数位为 2)和特长爱好(备注型)共 3 个字段,则该表的记录长度为(　　)。
A. 16　　　　　B. 17　　　　　C. 18　　　　　D. 19

3. 在 Visual FoxPro 表中,记录是由字段值构成的数据序列,但数据长度要比各字段宽度之和多一个字节,这个字节是用来存放(　　)。
A. 记录分隔标记的　　　　　B. 记录序号的
C. 记录指针定位标记的　　　D. 删除标记的

4. 下列名词中,可作为 Visual FoxPro 自由表中的字段名的是(　　)。
A. 计算机成绩　　B. 2001 年成绩　　C. 成绩　　　D. 等级考试成绩

5. 要想对一个打开的表增加新字段,应当使用命令(　　)。
A. APPEND　　　　　　　　B. MODIFY STRUCTURE
C. INSERT　　　　　　　　D. CHANGE

6. 在 Visual FoxPro 中要建立一个与现有的数据库表具有相同结构和数据的新数据库表,应该使用(　　)命令。

A. CREATE   B. INSERT   C. COPY   D. APPEND

7. 利用(   )命令,可以在浏览窗口浏览表中的数据。

A. USE   B. BROWSE   C. MODIFY STRU D. LIST

8. 下列操作中,不能用 MODIFY STRUCTURE 命令实现的操作是(   )。

A. 为表增加字段   B. 对表中的字段名进行修改

C. 删除表中的某些字段   D. 对表中的记录数据进行修改

9. 修改表的文件结构,下列说法错误的是(   )。

A. 新增的字段值全部为空

B. 当修改字段类型时,该字段所有值将全部丢失

C. 修改表文件后用 Ctrl+W 存盘,将获得一个备份文件

D. 任何情况下都不能同时修改表文件中的字段名和它的长度

10. 下列命令用于显示 1968 年及其以前出生的职工记录,其中错误的是(   )。

A. LIST FOR YEAR(出生日期)<=1968

B. LIST FOR SUBSTR(DTOC(出生日期),7,2)<="68"

C. LIST FOR LEFT(DTOC(出生日期),2)<="68"

D. LIST FOR RIGHT(DTOC(出生日期),2)<="68"

11. 执行命令 DISPLAY WHILE 性别="女"时,屏幕上显示了若干记录,但执行命令 DISPLAY WHILE 性别="男"时,屏幕上没有显示任何记录,这说明(   )。

A. 表文件是空文件

B. 表文件中没有性别字段值为"男"的记录

C. 表文件中的第一个记录的性别字段值不是"男"

D. 表文件中当前记录的性别字段不是"男"

12. 职工表中有 D 型字段"出生日期",若要计算职工的整数实足年龄,可以使用命令(   )。

A. ?DATE()-出生日期/365

B. ?(DATE()-出生日期)/365

C. ?INT((DATE()-出生日期)/365)

D. ?ROUND((DATE()-出生日期)/365)

13. 职工表中有 D 型字段"出生日期",若要显示职工生日的月份和日期,应当使用命令(   )。

A. ?姓名+MONTH(出生日期)+"月"+DAY(出生日期)+"日"

B. ?姓名+STR(MONTH(出生日期)+"月"+DAY(出生日期))+"日"

C. ?姓名+SUBSTR(MONTH(出生日期))+"月"+SUBSTR(DAY(出生日期))+"日"

D. ?姓名+STR(MONTH(出生日期),2)+"月"+STR(DAY(出生日期),2)+"日"

14. 在以下各命令序列中,总能实现插入一条空记录并使其成为第八条记录的是(   )。

A. SKIP 7   B. GOTO 7
   INSERT BLANK   INSERT BLANK

C. LOCATE FOR RECNO()=8   D. GOTO 7
   INSERT BLANK   INSERT BLANK BEFORE

15. 当前表文件中有一个长度为 10 的字符型字段 sname,执行如下命令的显示结果是（　　）。

REPLACE sname WITH　"于丹樱"
?LEN(Sname)

A. 3　　　　　　　　B. 6　　　　　　　　C. 10　　　　　　　　D. 11

16. 要删除当前表文件的"性别"字段,应当使用命令（　　）。

A. MODIFY STRUCTURE　　　　　　B. DELETE 性别

C. REPLACE 性别 WITH""　　　　　　D. ZAP

17. 已打开的表文件的当前记录为 150,要将记录指针移向记录号为 100 的命令是（　　）。

A. SKIP 100　　　　B. SKIP 50　　　　C. GO −50　　　　D. GO 100

18. 假定学生表 STUDENT. DBF 中前 6 条记录均为男生的记录,执行以下命令序列后,记录指针定位在（　　）。

USE STUDENT
GOTO 3
LOCATE NEXT 3 FOR 性别="男"

A. 第 1 条记录上　　B. 第 3 条记录上　　C. 第 4 条记录上　　D. 第 6 条记录上

19. 刚打开库文件,要显示 1~3 号记录,正确命令是（　　）。

A. DISPLAY RECORD 3　　　　　　B. LIST 1,2,3

C. DISPLAY NEXT 3　　　　　　　　D. DISPLAY 1,2,3

20. 不论索引是否生效,定位到相同记录上的命令是（　　）。

A. GO 6　　　　B. SKIP　　　　C. GO TOP　　　　D. GO BOTTOM

21. 在 Visual FoxPro 中,用 LOCATE 命令把记录指针指向姓"刘"的记录后,想要查找下一个姓"刘"的记录,使用的命令是（　　）。

A. LOCATE　　　B. CONTINUE　　　C. GO NEXT 1　　　D. SKIP

22. 执行下面的命令后,函数 EOF()的值一定为真的是（　　）。

A. REPLACE 基本工资 WITH 基本工资+200

B. LIST NEXT 10

C. SUM 基本工资 TO SS WHILE 性别="女"

D. DISPLAY FOR 基本工资>800

23. 在没有打开相关索引的情况下,以下各组中的两条命令,执行结果相同的是（　　）。

A. LOCATE FOR RECONO()=5 与 SKIP 5

B. GO RECONO()+5 与 SKIP 5

C. SKIP RECNO()+5 与 GO RECNO()+5

D. GO RECNO()+5 与 LIST NEXT 5

24. 逻辑删除表文件中所有记录的正确操作是（　　）。

A. PACK　　　　　　　　　　　B. ZAP

C. DELETE　　　　　　　　　　D. DELETE ALL

25. 删除数据库表中的记录有（　　　）方式。

A. 一种　　　　　B. 两种　　　　　C. 三种　　　　　D. 四种

26. 执行 LIST NEXT 1 命令之后,记录指针的位置指向（　　　）。

A. 下一条记录　　B. 原来记录　　C. 尾记录　　D. 首记录

27. 在 Visual FoxPro 中,能够进行条件定位的命令是（　　　）。

A. SKIP　　　　B. SEEK　　　　C. LOCATE　　　　D. GO

28. 顺序执行下面 Visual FoxPro 命令之后,屏幕所显示的记录号顺序是（　　　）。

```
USE XYZ
GO 6
LIST NEXT 4
```

A. 1~4　　　　　B. 4~7　　　　C. 6~9　　　　D. 7~10

29. 表文件共有 20 条记录,当前记录号是 10,执行命令 LIST NEXT 5 以后,当前记录号是（　　　）。

A. 10　　　　　B. 15　　　　C. 14　　　　D. 20

30. 当前表文件有 20 条记录,当前记录号是 10,执行命令 LIST REST 以后,当前记录号是（　　　）。

A. 10　　　　　B. 20　　　　C. 21　　　　D. 1

31. 设职工表和按工作日期(D 型字段)索引的索引文件已经打开,要把记录指针定位到工作刚好满 30 天的职工,应当使用命令（　　　）。

A. FIND DATE()－30　　　　　B. SEEK DATE()＋30

C. FIND DATE()＋30　　　　　D. SEEK DATE()－30

32. 在 Visual FoxPro 中,可以使用 FOUND()函数来检测查询是否成功的命令包括（　　　）。

A. LIST、FIND、SEEK　　　　B. FIND、SEEK、LOCATE

C. FIND、DISPLAY、SEEK　　　D. LIST、SEEK、LOCATE

33. 设表文件及其索引文件已打开,为了确保指针定位在记录号为 1 的记录上,应该使用命令（　　　）。

A. GO TOP　　B. GO RECNO()＝1　　C. SKIP 1　　D. GO 1

34. 设职工表文件已经打开,其中有工资字段,要把指针定位在第一个工资大于 620 元的记录上,应使用命令（　　　）。

A. FIND FOR 工资>620　　　　B. SEEK 工资>620

C. LOCATE FOR 工资>620　　　D. LIST FOR 工资>620

35. 设表文件中有 10 条记录,当前记录号为 1,且无索引文件处于打开状态。若执行命令 SKIP －1 后再执行命令?RECNO(),屏幕将显示（　　　）。

A. 0　　　　　B. 1　　　　C. －1　　　　D. 出错信息

36. 设某表文件共有 11 条记录,当前记录的序号为 5。先执行命令 SKIP 10,再执行命令?EOF()后显示的结果是（　　　）。

A. 11　　　　　B. .F.　　　　C. .T.　　　　D. 出错信息

37. 学生表的性别字段为逻辑型(男为逻辑真、女为逻辑假),执行以下命令序列后,最后一条命令的显示结果是(　　)。

```
USE STUDENT
APPEND BLANK
REPLACE 姓名 WITH "欧阳惠",性别 WITH .F.
?IIF(性别,"男","女")
```

A. 男　　　　　　　　B. 女　　　　　　　　C. .T.　　　　　　　　D. .F.

38. 学生表文件 STUDENT.DBF 中各记录的"姓名"字段值均为学生全名,执行如下命令序列后,最后 EOF()函数的显示值是(　　)。

```
USE STUDENT
INDEX ON 姓名 TO NAME
SET EXACT OFF
FIND 吴
DISPLAY 姓名,年龄
Record#　姓名　年龄
1 吴友　25
SET EXACT ON
FIND 吴
? EOF()
```

A. 1　　　　　　　　B. 0　　　　　　　　C. .T.　　　　　　　　D. .F.

39. 在 Visual FoxPro 中,删除处于关闭状态的表文件 KN.DBF 应使用命令(　　)。

A. DELETE KN　　　　　　　　　　B. ERASE KN

C. DELETE FILE KN.DBF　　　　　　D. ERASE FILE KN.DBF

40. 把当前表文件中"性别"字段(C 型)的值全部清除,但仍保留该字段,应当使用命令(　　)。

A. MODIFY STRUCTURE　　　　　　B. DELETE

C. REPLACE　　　　　　　　　　　D. ZAP

41. 要想在一个打开的表中删除某些记录,应先后选用的两个命令是(　　)。

A. DELETE、RECALL　　　　　　　B. DELETE、PACK

C. DELETE、ZAP　　　　　　　　　D. PACK、DELETE

42. 在下面四组 Visual FoxPro 命令中,两条命令执行结果可能不相同的是(　　)。

A. DELETE　　　　　　　　　　　B. DELETE ALL

DELETE RECORD RECNO()　　　DELETE FOR .T.

C. DELETE FOR <条件>　　　　　D. DELETE

DELETE WHILE <条件>　　　　DELETE NEXT 1

43. DELETE ALL 命令与 ZAP 命令的区别是(　　)。

A. DELETE ALL 删除当前工作区的所有记录,而 ZAP 删除所有工作区的记录

B. DELETE ALL 删除当前工作区的所有记录,而 ZAP 只删除当前记录

C. DELETE ALL 只删除记录,而 ZAP 连同表文件一起删除

D. DELETE ALL 删除记录后可以用 RECALL 命令恢复,而 ZAP 删除后不能恢复

44. 下列是表复制命令 COPY TO 的功能说明,其中错误的是(　　)。

A. 可以进行表部分字段的复制

B. 可以进行表部分记录的复制

C. 可以进行表记录的排序复制

D. 若表有 MEMO 字段,则自动复制同名的备注文件

45. 工资表文件 GZ. DBF 和相应的索引文件已经打开,下列操作中错误的是(　　)。

A. SET INDEX TO

B. COPY TO NEW1 FOR 基本工资>＝1000

C. COPY STRUCTURE TO NEW2

D. COPY FILE TO NEW3. DBF

46. 在 Visual FoxPro 中,对表文件分别用 COPY 命令和 COPY FILE 命令进行复制时,以下叙述中错误的是(　　)。

A. 使用 COPY 命令时必须先打开表

B. 使用 COPY FILE 命令时表必须关闭

C. COPY FILE 命令可以自动复制备注文件

D. COPY 命令可以自动复制备注文件

47. ABC. DBF 是一个具有两个备注型字段的表文件,若使用 COPY TO PSQ 命令进行复制操作,其结果将(　　)。

A. 得到一个新的表文件

B. 得到一个新的表文件和一个新的备注文件

C. 得到一个新的表文件和两个新的备注文件

D. 显示出错误信息,表明不能复制具有备注型字段的表文件

48. 下面命令执行后都将生成 TEMP. DBF 文件,其中肯定生成空表文件的命令是(　　)。

A. SORT TO TEMP　　　　　　　B. COPY TO TEMP

C. COPY STRUCTURE TO TEMP　　D. COPY FILE TO TEMP

49. 要将 A 盘上根目录下 STK. PRG 文件复制到 C 盘根目录下的 DB 子目录,应在 Visual FoxPro 命令窗口中使用命令(　　)。

A. COPY A:\STK. PRG C:\DB

B. COPY FILE A:\STK. PRG TO C:\DB\STD. PRG

C. COPY FILE A:\STK. PRG TO C:\DB\STD. PRG

D. COPY TO C:\DB\STD. PRG

50. 要生成表文件 STD2. DBF,要求其结构与现有表 STD1. DBF 相同但记录不同,其建表方法是(　　)。

A. USE STD1

　　COPY TO STD2

B. USE STD1

　　COPY STRU TO STD2

C. COPY FILE STD1. DBF TO STD2. DBF

D. CREATE STD2 FROM STD1

51. 在 Visual FoxPro 中,用 COPY FILE 命令复制文件应注意的是( )。

A. 被复制的文件必须关闭,可以使用通配符,文件的扩展名可缺省

B. 被复制的文件必须打开,不能使用通配符,文件必须指定扩展名

C. 被复制的文件必须关闭,可以使用通配符,文件必须指定扩展名

D. 被复制的文件必须打开,不能使用通配符,文件的扩展名可缺省

52. 索引文件打开后,下列命令中不受索引影响的是( )。

A. LIST   B. SKIP   C. GO TO 50   D. GO TOP

53. 已经打开选课表,其中包括课程号、学号、成绩字段。不同的记录分别有重复的课程号或重复的学号。要使用 COUNT 命令计算所有学生选修的不同课程有多少,应在执行 COUNT 命令之前使用( )命令。

A. INDEX ON 学号 TO GG

B. INDEX ON 课程号 TO GG

C. INDEX ON 学号 TO GG UNIQUE

D. INDEX ON 课程号 TO GG UNIQUE

54. 下列文件都是表 RSDA.DBF 的索引文件,在打开该表时自动打开的索引文件是( )。

A. RSDA.IDX   B. XMZC.CDX   C. RSDA.CDX   D. 无

55. 在 Visual FoxPro 中,索引文件有两种扩展名,即.IDX 和.CDX。下列对这两种扩展名的描述正确的是( )。

A. 两者无区别

B. .IDX 是 FoxBASE 建立的索引文件,而.CDX 是 Visual FoxPro 建立的索引文件

C. .IDX 是只含一个索引元的索引文件,而.CDX 是含多个索引元的复合索引文件

D. .IDX 是含多个索引元的复合索引文件,而.CDX 是只含一个索引元的索引文件

56. 在表文件已经打开时,打开索引文件的命令是( )。

A. USE <索引文件名>   B. INDEX WITH <索引文件名>

C. SET INDEX TO <索引文件名>   D. INDEX ON <索引文件名>

57. 按姓名字段升序排序,形成名为 LL 的表文件,下列命令错误的是( )。

A. SORT ON 姓名 TO LFL   B. SORT ON 姓名/D TO LL

C. SORT ON 姓名/C TO LL   D. SORT ON 姓名/A TO LL

58. 在 Visual FoxPro 中,SORT 命令和 INDEX 命令的区别是( )。

A. 前者按指定关键字排序,而后者按指定记录排序

B. 前者按指定记录排列,而后者按指定关键字排序

C. 前者改变了记录的物理位置,而后者却不改变

D. 后者改变了记录的物理位置,而前者却不改变

59. 在 Visual FoxPro 中,关于 SORT 命令和 INDEX 命令的说法正确的是( )。

A. 前者可以根据不同关键字的升序和降序排列,后者也可以

B. 两者都只能以升序排序

C. 前者可以根据不同关键字的升序和降序排列,后者只能以降序排序

D. 前者可以根据不同关键字的升序和降序排列,后者只能以升序排序

60. 统计当前表文件中记录个数的命令是(　　)。

A. COUNT　　　　B. COUNT()　　　　C. TOTAL　　　　D. SUM

61. 设 MYFILE 表中共有 100 条记录,则执行以下命令序列后,屏幕的显示结果是(　　)。

```
SET DELETED ON
USE MYFILE
GO 3
DELETE
COUNT TO A
?A,RECCOUNT()
```

A. 100 100　　　　B. 100 99　　　　C. 99 100　　　　D. 99 99

62. 命令"TOTAL ON 姓名 TO DSK"中 DSK 是(　　)。

A. 库文件　　　　B. 字段变量　　　　C. 表文件　　　　D. 文本文件

63. 表文件中有数学、英语、计算机和总分四个数值型字段,要将当前记录的三科成绩汇总后存入总分字段中,应使用命令(　　)。

A. TOTAL 数学+英语+计算机 TO 总分

B. REPLACE 总分 WITH 数学+英语+计算机

C. SUM 数学,英语,计算机 TO 总分

D. REPLACE ALL 数学+英语+计算机 WITH 总分

64. 向希望工程捐款的表文件内容如下,其中"捐款数额"字段为数值型,假定表文件及按"姓名"字段建立的索引文件均已打开,为统计各位捐款者的捐款总额,应使用命令(　　)。

Record #	姓名	捐款数额	捐款日期
1	欧阳惠	300.00	07/12/89
2	李 明	230.00	02/24/90
3	杨 霞	80.00	11/05/90
4	李 明	170.00	02/24/92
5	杨 霞	400.00	11/05/92
6	欧阳惠	200.00	07/12/93
7	李 明	137.00	02/24/94
8	杨 霞	215.00	11/05/95
9	欧阳惠	313.00	07/12/96

A. SUM 捐款数额 TO IK

B. COUNT 捐款数额 TO JK

C. AVERAGE 捐款数额 TO JK

D. TOTAL ON 姓名 TO JKP FIELDS 捐款数额

65. 执行以下命令序列后,显示的值是(　　)。

```
USE ORDERS
LIST OFP
ITEM        QTY
奔腾Ⅱ       150
HP 打印机    260
奔腾Ⅱ       220
华硕主板     314
```

```
HP 打印机      380
奔腾 Ⅱ         122
AVERAGE QTY TO AQTY FOR ITEM="奔腾 Ⅱ"
INDEX ON ITEM TO XRD
TOTAL ON ITEM TO TTT FIELDS QTY
?AQTY
```

  A. 241   B. 220   C. 164   D. 150

66. 执行以下命令序列,最后显示的值是( )。

```
USE ZGGZ
SUM 工资 FOR 工资>=500 TO QWE
COPY TO QAZ FIELDS 职工号,姓名 FOR 工资>=500
USE QAZ
NUM=RECCOUNT()
AVER=QWE/NUM
?AVER
```

  A. 所有工资在 500 元以上的职工人数

  B. 所有工资在 500 元以上的职工平均工资数

  C. 所有职工的平均工资数

  D. 出错信息

67. 选择当前未使用的最小编号工作区的命令是( )。

  A. SELECT 0   B. SELECT 1   C. SELECT MIN D. SELECT −1

68. 当前工作区是指( )。

  A. 可以对该工作区的数据进行操作的工作区

  B. 最后一次用 SELECT 命令选择的工作区

  C. 最后执行 USE 命令所在的工作区

  D. 刚进入系统时,打开的数据库所占用的工作区

69. 每一个工作区上只能打开( )表文件。

  A. 1 个   B. 2 个   C. 10 个   D. 任意个

70. 建立两个表关联,要求( )。

  A. 两个表都必须排序   B. 关联的表必须排序

  C. 两个表都必须索引   D. 被关联的表必须索引

71. 有数据库表 A,B,C,已建立了 A→B 的关联,欲再建立 B→C 的关联,以构成 A→B→C 的关联,则( )。

  A. 必须使用带 ADDITIVE 选项的 SET RELATION 命令

  B. 使用不带 ADDITIVE 选项的 SET RELATION 命令

  C. 在保持 A→B 关联的基础上不能再建立 B→C 的关联

  D. 在保持 A→B 关联的基础上不能再建立 B→C 的关联,但可以建立 A→C 的关联

72. 将 A 工作区表文件按关键字段"w",与 B 工作区上表文件建立关联,正确的操作是( )。

  A. SET RELATION ON W INTO B   B. SET RELATION TO B INTO W

  C. SET RELATION ON W TO B   D. SET RELATION TO W INTO B

73. 在 Visual FoxPro 中,下列叙述正确的是(　　)。

A. 用 JOIN 命令连接两个数据库表之前,这两个数据库表不必在不同的工作区打开

B. 用 JOIN 命令连接两个数据库表之前,这两个数据库表必须在不同的工作区打开

C. 用 SET RELATION 命令建立两个数据库表关联之前,两个数据库表都必须索引

D. 用 APPEND FROM 命令向当前数据库表追加记录之前,这两个数据库表必须在不同的工作区打开

74. 设学生表 st.dbf(学号、姓名、所在系)在 1 号工作区打开;学生选修课程表 sc.db(学号,课程号)在 2 号工作区打开。当前工作区为 1 号区,要求用物理连接产生一个表 qaz.dbf,使其只包含选修 C101 课程的学生姓名和所在系,应使用命令(　　)。

A. JOIN WITH B TO qaz FOR 学号＝B－＞学号.AND.B－＞课程号＝"C101"

B. JOIN WITH B TO qaz FIELDS 姓名,所在系 FOR;
　　学号＝B－＞学号.AND.B－＞课程号＝"C101"

C. JOIN WITH B TO qaz FOR 学号＝B－＞学号.OR.B－＞课程号 "C101"

D. JOIN WITH B TO qaz FIELDS 姓名,所在系 FOR B－＞课程号＝"C101"

75. 以下命令序列的功能是用函数建立两个表之间的关联:

```
SELECT 1
USE F1
SELECT 2
USE F2
SELECT 1
SET RELATION TO RECNO()－2 INTO B
GOTO 5
?RECNO(2)
```

函数 RECNO()的返回值是(　　)。

A. 5　　　　　　　　B. 4　　　　　　　　C. 3　　　　　　　　D. 1

76. 有以下两个表,执行以下程序后,选择正确的结果。

ST1.DBF 文件的内容			ST2.DBF 文件的内容		
姓　名	年龄	性别	姓　名	年龄	性别
欧阳惠	25	女	李　明	28	男
李　明	28	男	吴　友	23	男
杨　霞	25	女	杨　霞	25	女
吴　友	23	男	欧阳惠	25	女
郭　吴	26	男	郭　吴	26	男

```
SELECT 1
    USE ST1
    SELECT 2
    USE ST2
    LOCATE FOR 姓名－＞姓名
    ?RECNO()
```

执行以上命令序列之后,所显示的记录号是(　　)。

A. 2　　　　　　　　B. 3　　　　　　　　C. 4　　　　　　　　D. 5

77. 有如下命令序列:

```
SELECT A
USE DEMO1
SELECT B
USE DEMO2
SET RELATION TO RECNO() INTO A
SELECT C
USE DEMO3
SET RELATION TO RECNO() INTO B
SELECT B
GO 8
?RECNO(),RECNO(1),RECNO(3)
```

执行此命令序列之后,屏幕显示的记录号是( )。

A. 1 8 8　　　　B. 8 1 1　　　　C. 8 8 1　　　　D. 8 8 8

78. 有以下命令序列:

```
USE TEACHER
    LIST
    Record#   姓名   性别   年龄   职称代码
        1    刘 晓    女    29      1
        2    张 明    男    43      3
        3    杨 艳    女    54      4
        4    郭 冰    男    35      3
        5    何文强    男    32      2
    SELECT 2
    USE TITLE ALIAS Q
    LIST
    Record#   职称代码    职称
        1        1      助 教
        2        2      讲 师
        3        3      副教授
        4        4      教 授
    INDEX ON 职称代码 TO ZC
    SELECT 1
    SET RELATION TO 职称代码 INTO Q
    GOTO 2
    ?RECNO(2)
```

执行该命令序列后,函数 RECNO(2)的显示值是( )。

A. 1　　　　　　B. 2　　　　　　C. 3　　　　　　D. 4

79. 有以下两个表文件:

RSDA.DBF 文件的内容

姓名	性别	职称	工资
李青	男	讲师	400
王山	女	教授	500
张立	男	讲师	600

ZGGZ.DBF 文件的内容

```
编号        姓名        工资        补贴
1001        王山        100         10
1002        李青        200         20
1003        王山        300         30
SELE B
USE ZGGZ
SELE A
USE RSDA
JOIN WITH B TO ZGBT FOR 姓名＝B.姓名 FIELDS B->编号,姓名,职称,B.补贴
SELE C
USE ZGBT
LIST 姓名
```

执行以上命令序列后,最后一条 LIST 命令显示的姓名依次是(   )。

A. 李青   王山   张立   B. 李青   王山   王山

C. 王山   李青   D. 李青   王山

二、填空题

1. 表是由(①)和(②)两部分组成。

2. 向表中输入数据,可以采用(①)和(②)。

3. 属性的取值范围称为域。在"职工"表中,字段"婚否"为逻辑型,它的域为(   )。

4. 设当前打开的表中共有 10 条记录,当前记录号是 5,此时若要显示 5~8 号记录的内容,应使用的命令是(   )。

5. 假设图书表已经打开,表中有"书名"(C 型)字段,并且已经按书名进行了索引。现在要使用索引查询将记录指针定位在书名"VFP＋"的第一条记录上,应该使用的命令是(   )。

6. 删除表中的记录通常要分为两个步骤:第一步是(①),第二步是(②)。

7. 在创建索引文件时,若要求关键字表达式值相同的记录只取一个,可以在索引命令 INDEX 中增加可选项(   )。

8. 同一个表的多个索引可以创建在一个索引文件中,索引文件主文件名与表的主文件名同名,索引文件的扩展名为(①),这种索引称为(②)。

9. 设置结构复合索引文件中的索引标识 JIAGE 为主索引的命令是(   )。

10. 索引能够确定表中记录的(①)顺序,而不改变表中记录的(②)顺序。

11. 向水灾地区捐款的表有"部门"、"姓名"、"款额"共 3 个字段,该表和相应的索引文件已经打开。为汇总各部门的捐款数并存入分类汇总表 flhz.dbf 中,应使用命令(   )。

12. 执行如下命令序列:

```
USE STUDENT
LIST
Record#      姓名        性别      年龄
  1          欧阳惠        女        23
  2          李 明        男        27
  3          杨 霞        女        24
  4          郭 吴        男        21
  5          吴 友        女        25
  6          何文强        男        24
INDEX ON 年龄 TO AGE
```

```
SEEK 23
SKIP
?姓名,年龄
```

则最后一条命令的显示内容为（　　　）。

13. 设职工表文件的内容是：

编号	姓名	部门	工资	资金
1001	常胜	车间	850	200
1002	汪洋	车间	700	200
1003	陆地	车间	680	200
2001	林木	设计科	900	150
2002	陈路	设计科	1200	150
3004	孙海	财务科	900	100
3006	李扬	财务科	1300	100
3010	张虎	财务科	1100	100

请对以下有关命令的执行结果依次填空：

```
USE 职工
AVERAGE 工资 TO a  FOR 部门="财务科"      && 变量 a 的值是（　①　）
INDEX ON 工资 TO IDX1
GO 1
?编号,姓名                                && 显示结果是（　②　）
SEEK 900
SKIP 3
?工资+奖金                                && 显示结果是（　③　）
LOCATE FOR 工资=900
CONTINUE
?姓名                                     && 显示结果是（　④　）
SUM 奖金 TO b FOR SUBSTR(编号,1,1)="1"    && 变量 b 的值是（　⑤　）
```

14. 在学生表中，"年龄"字段为 N 型，"标志"字段为 L 型。请对以下命令序列填空：

```
USE 学生
INDEX ON 年龄 TO IDX2
&& 将记录指针定位在第一个年龄是 20 的记录上,应使用命令（　①　）,
&& 显示所有年龄为 20 的学生记录,应使用命令（　②　）
SET INDEX TO
GO 11
&& 执行以上两条命令之后,要把记录号从 11 到末记录的标志字段设置为逻辑真,应使用命令
（　③　）
```

15. 执行如下命令序列：

```
USE STUDENT
LIST
```

Record#	姓名	学号	年龄	性别
1	李 红	098765	20	男
2	王 蓓	123456	19	男
3	赵 师	345678	21	女
4	刘 知	863745	18	男

```
    5       钱  生    374951    20          女
    6       杨  博    903278    18          女
INDEX ON 年龄 TO STU
FIND 20
SKIP
DISP 姓名
```

最后一条命令显示的学生姓名是(   )。

16. 执行如下命令序列,请填空:

```
USE ZG
LIST
Record#      XM      NL      ZC        JBGZ
    1        刘一    21    工  人      230.00
    2        马二    29    工程师      350.00
    3        张三    18    工  人      280.00
    4        李四    32    技术员      300.00
    5        王五    24    总  工      890.00
INDEX ON ZC+STR(1000−JBGZ,6,2) TO  ZG
LIST ZC,JBGZ
ZC      JBGZ
工程师     350.00
工  人(  ①  )
工  人(  ②  )
技术员     300.00
总  工     890.00
```

17. 执行如下命令序列,请填空:

```
XM="马二"
USE GZ
LIST
Record#     XM     NL       ZC       JBGZ
    1       刘一   21    工  人     230.00
    2       马二   29    工程师     350.00
    3       张三   18    工  人       0.00
    4       李四   32    技术员     300.00
    5       王五   24    总  工     890.00
GO 3
?XM—ZC     && 显示结果是(    )
```

18. 设有计算机等级考试考生表文件 STD.DBF 和合格考生表文件 HG.DBF,这两个表的结构相同,为了颁发合格证书并备案,先把 STD 表中"笔试成绩"和"上机成绩"均及格记录的"合格否"字段修改为逻辑真,然后再将合格的记录追加到合格考生表 HG.DBF 中,请对以下操作填空:

```
USE STD
LIST
Record#   准考证号   姓名   性别   笔试成绩   上机成绩   合格否
    1      11001    梁小冬   女      70        80       .F.
    2      11005    林 旭   男      95        78       .F.
```

3	11017	王 平	男	60	40	.F.
4	11083	吴大鹏	男	90	60	.F.
5	11108	杨纪红	女	58	67	.F.

```
REPLACE(  ①  )FOR 笔试成绩>=60 .AND. 上机成绩>=60
USE HG
APPEND FROM STD FOR(  ②  )
LIST
USE
```

19. 设计算机等级考试成绩已录入完毕,缺考者的记录上均已打上删除标记"＊"。为计算实际参加考试者的平均分,请在以下操作命令序列中填空:

```
USE STUDENT
SET(   )
AVERAGE ALL 成绩 TO AVG
```

20. 设有职工(有字段：编号、姓名、职称、基本工资)和工资(有字段：编号、…、实发工资)两个表文件。要使用如下命令序列显示所有职工的编号、姓名、职称、基本工资和实发工资的数据。

```
SELECT 1
USE 工资 ALIAS GZ
INDEX ON 编号 TO IDX3
SELECT 2
USE 职工
SET RELATION TO(  ①  )
LIST 编号,姓名,职称,基本工资,(  ②  )实发工资
```

21. 有 3 个表,其结构如下,请完善下列命令序列,使之能够显示学生所选课程的成绩及相应课程的学分。

```
学生表 XUESHENG.DBF,有字段：学号、姓名、性别、年龄
成绩表 CHENGJI.DBF,有字段：学号、课程号、成绩
课程表 KECHENG.DBF,有字段：课程号、课程名、学分
SELECT 1
USE XUESHENG
INDEX ON(  ①  )TO XS1
SELECT 3
USE KECHENG
INDEX ON 课程号 TO KH
SELECT 2
USE CHENGJI
SET RELATION TO 学号(  ②  )
SET RELATION TO(  ③  )
LIST 学号,A->姓名,C->课程名,成绩,C->学分
```

22. 设有 STUDENT.DBF(有字段：学号、姓名、民族)和 SCORE.DBF(有字段：学号、成绩)两个表,若要在它们之间建立逻辑连接,然后为每个少数民族(即汉族以外的民族)考生的成绩增加 5 分,最后显示全体考生的学号、姓名和成绩。请对如下命令序列填空。

```
SELECT 1
```

```
USE STUDENT
(   ①   )TO IDX
SELECT 2
USE SCORE
SET RELATION TO(   ②   )
REPLACE 成绩 WITH(   ③   ) FOR(   ④   )
LIST 学号,(   ⑤   ),成绩
SET RELATION TO
CLOSE DATA
SELECT 1
```

23. 现有 3 个表,其结构如下:

学生表 STUDENT.DBF,包括字段:学号、姓名、所在系;

学生选课表 XK.BF,包括字段:学号、课程号、成绩;

课程表 KC.DBF,包括字段:课程号、课程名。

试完善以下命令序列,使之根据所输入的选修课程名称,输出选修课程的学生的姓名、所在系、成绩。

```
SET TALK OFF

SELECT 1 请填空:

USE KC ALIAS KC1
ACCEPT "输入选修课程名: "TO KM
LOCATE ALL FOR(   ①   )
SELECT 2
USE XK
COPY TO XK1 FIELD 学号,成绩 FOR (   ②   )
CLOSE DATABASE
SELECT 1
USE STUDENT
SELECT 2
USE XK1 ALIAS XKIB
SELECT 1
JOIN TO STUDENT1 WITH XKIB FIELDS 姓名,所在系,B.成绩 FOR (   ③   )
USE STUDENT1
LIST
USE
ERASE STUDENT1.DBF
SET TALK ON
```

24. 现有两个表,其结构如下:

库存情况表 KCQK.DBF,包括字段:商品编号、名称、库存量、单价、总金额。

出入库表:CRK.DBF,包括字段:商品编号、进出数量。

试完善以下命令序列,使之根据每日 CRK.DBF 中的商品进出数量,来更新 KCQK.DBF 中的记录内容。

```
USE KCQK
(   ①   )
SELE B
USE CRK
```

SELE A
UPDATE ON（　②　）FROM B REPLACE 库存量 WITH（　③　），总金额
WITH 库存量 ＊ 单价（　④　）
LIST

25. 现有两个表,其结构如下:

职工档案.DBF,包括字段:姓名,性别,职务。

职工通讯.DBF,包括字段:姓名,住址,电话号码。

试完善以下命令序列,要求在两表建立关联的基础上,产生一个有关家住北京的男职工的"通讯录"新表,其中包括字段:姓名、职务、住址和电话号码。

SELE B
USE 职工档案
SELE D
USE 职工通讯
INDEX ON（　①　）TO BBB
SELE B
SET RELA TO（　②　）
COPY TO 通讯录 FIELDS（　③　）
（　④　）
LIST
CLOSE ALL

三、参考答案

选择题

1. C　2. B　3. D　4. A　5. B　6. C　7. B　8. D　9. B　10. C　11. D　12. C
13. D　14. B　15. C　16. A　17. D　18. B　19. C　20. A　21. B　22. D　23. B
24. D　25. B　26. C　27. C　28. C　29. C　30. C　31. D　32. C　33. D　34. C
35. B　36. C　37. B　38. C　39. C　40. C　41. B　42. C　43. D　44. C　45. D
46. C　47. B　48. C　49. B　50. C　51. C　52. C　53. C　54. C　55. C　56. C
57. B　58. C　59. A　60. A　61. C　62. C　63. B　64. D　65. C　66. B　67. A
68. B　69. A　70. A　71. D　72. A　73. D　74. B　75. A　76. C　77. C　78. C
79. B

填空题

1. ①结构　②记录数据　2. ①浏览　②编辑　3. 逻辑值真或逻辑值假

4. LIST NEXT 4　5. SEEK"VFP＋"　6. ①逻辑删除(Delete)　②物理删除(Pack)

7. UNIQUE　8. ①. CDX　②结构复合索引文件

9. SET ORDER TO JIAGE　10. ①逻辑　②物理

11. TOTAL ON 部门 TO flhz FILELDS 款额

12. 杨霞 24　13. ①1100　②1001 常胜　③1350　④孙海　⑤600

14. ①SEEK 20　②DISPLAY ALL FOR 年龄＝20　③REPLACE 标志 WITH
.T. REST

15. 钱生　16. ①280.00　②230.00　17. 张三工人

18. ①合格否 WITH.T. ②合格否　19. DELETED ON

20. ①编号 INTO A　②A.　　21. ①学号　②INTO A　③课程号 INTO A

22. ①INDEX ON 学号　②学号 INTO A　③成绩＋5　④A->民族<>"汉"　⑤A. 姓名

23. ①课程名＝KM　②课程号＝A. 课程号　③学号＝B. 学号

24. ①INDEX ON 商品编号 TO A1　②商品编号　③库存量＋B. 进出数量 ④RANDOM

25. ①姓名　②姓名 INTO D　③姓名,职务,D. 住址,D. 电话号码 FOR D. 住址＝ "北京"　④USE 通讯录

4.5　数据库的基本操作

一、选择题

1. . DBC 文件是指(　　)。

A. 数据库文件　　　　　　　　　　B. 数据库表文件

C. 自由表文件　　　　　　　　　　D. 数据库表备注文件

2. 建立名为"职工档案"的数据库,可在命令窗口中执行(　　)命令。

A. OPEN DATABASE 职工档案　　　B. CREATE DATABASE 职工档案

C. USE DATABASE 职工档案　　　　D. CREATE 职工档案

3. Visual FoxPro 6.0 中,"数据库"和"表"的关系是(　　)。

A. 两者是同一概念

B. 两者概念不同,"表"是一个或多个"数据库"的容器

C. 两者概念不同,"数据库"是一个或多个"表"的容器

D. 两者概念不同,但两者是等价的

4. 数据库中可以存放的是(　　)。

A. 数据库文件　　　B. 数据库表文件　　　C. 自由表文件　　　D. 查询文件

5. Visual FoxPro 6.0 中的表主要有两种存在方式,即数据库表和(　　)。

A. 二维表　　　　　B. 数据库　　　　　　C. 关系型表　　　　D. 自由表

6. 向数据库中添加的表(　　)表。

A. 可以是任意的　　　　　　　　　B. 不属于其他数据库的

C. 必须是属于其他数据库的　　　　D. 不属于两个以上数据库的

7. 创建一个新的数据库时,如果指定的数据库已经存在,很可能覆盖掉已经存在的数据库,为安全起见,可以执行命令(　　)。

A. SAFETY　　　　　　　　　　　　B. SAFETY ON

C. SET SAFETY ON　　　　　　　　 D. SET SAFETY

8. 下列说法中正确的是(　　)。

A. 在项目管理器中选择数据库前,要先打开数据库

B. Visual FoxPro 在同一时刻可以打开多个数据库

C. 在同一时刻可以有多个当前数据库

D. Visual FoxPro 在执行查询和表单时必须手工打开数据库

9. 下列操作中不能将自由表添加到数据库中的是(　　)。

A. 在项目管理器中,将要添加自由表的数据库展开至表,并选择"表"选项,单击"添加"按钮,然后从弹出的"打开"对话框中选择要添加到当前数据库中的自由表

B. 在数据库设计器中单击鼠标左键,在弹出的菜单中选择"添加表"命令,在弹出的"打开"对话框中选择要添加到当前数据库中的自由表

C. 在数据库设计器中,从"数据库"菜单中选择"添加表"命令,然后在弹出的"打开"对话框中选择要添加到当前数据库中的自由表

D. 在命令窗口中输入 ADD TABLE 命令

10. 以下关于自由表的叙述,正确的是(   )。

A. 全部是用以前版本的 FoxPro(Visual FoxPro)建立的表

B. 可以用 Visual FoxPro 建立,但是不能把它添加到数据库中

C. 自由表可以添加到数据库中,数据库表也可以从数据库中移出成自由表

D. 自由表可以添加到数据库中,但数据库表不可以从数据库中移出成自由表

11. 下列说法中正确的是(   )。

A. 从数据库中移出来的表仍然是数据库表

B. 将某个表从数据库中移出的操作不会影响当前数据库中其他表

C. 一旦某个表从数据库中移出,与之联系的所有主索引、默认值及有关的规则都随之消失

D. 如果移出的表在数据库中使用了长表名,那么表移出数据库后仍然可以使用长表名

12. 在 Visual FoxPro 中,数据库表与自由表相比具有很多优点,以下所列中不属于其优点的是(   )。

A. 可以命名长表名和表中的长字段名   B. 可以设置字段的默认值和输入掩码

C. 可以设置字段级规则和记录级规则   D. 可以创建表之间的临时关系

13. 用户(   )对数据库文件进行修改。

A. 可以直接在"资源管理器"窗口中

B. 可以直接在 Visual FoxPro 的命令窗口中

C. 必须在数据库设计器中

D. 既可以直接在"资源管理器"窗口中也可以在数据库设计器中

14. 下列创建数据库的方法错误的是(   )。

A. 在项目管理器中建立数据库

B. 通过"新建"对话框建立数据库

C. 使用命令 CREAT DATABASE [DatabaseName]

D. 使用命令 USE DATABASE [DatabaseName]

15. 要限制数据库表中字段的重复值,可以使用(   )。

A. 主索引或候选索引   B. 主索引或唯一索引

C. 主索引或普通索引   D. 唯一索引或普通索引

16. 以下关于主索引的说法正确的是(   )。

A. 在自由表和数据库表中都可以建立主索引

B. 可以在一个数据库表中建立多个主索引

C. 数据库中任何一个表只能建立一个主索引

D. 主索引的关键字值可以为 NULL

17. 在建立唯一索引时,出现重复字段值时,存储重复出现记录的( )。

A. 第一个　　　　　　B. 最后一个　　　　　　C. 全部　　　　　　D. 几个

18. 在表的索引类型中,主索引可以在( )中建立。

A. 自由表　　　　　　B. 数据库表　　　　　　C. 任何表　　　　D. 自由表和视图

19. 在 Visual FoxPro 的数据库中可以包括( )。

A. 表单　　　　　　　B. 查询　　　　　　　　C. 视图　　　　　　D. 报表

20. 在 Visual FoxPro 中主索引字段( )。

A. 不能出现重复值或空值　　　　　　　　B. 能出现重复值或空值

C. 能出现重复值,不能出现空值　　　　　　D. 能出现空值,不能出现重复值

21. 采用( )类型时,指定字段或表达式中不允许出现重复值的索引,且该种索引只能用在数据库表中,而不能在自由表中建立。

A. 主索引　　　　　　B. 候选索引　　　　　　C. 唯一索引　　　　D. 普通索引

22. 下列叙述中含有错误的是( )。

A. 一个数据库表只能设置一个主索引

B. 唯一索引不允许索引表达式有重复值

C. 候选索引既可以用于数据库表也可以用于自由表

D. 候选索引不允许索引表达式有重复值

23. 下列关于索引的说法中不正确的是( )。

A. 主索引的索引表达式中涉及的字段必须用字段名

B. 普通索引的索引表达式中涉及的字段必须用字段名

C. 普通索引名必须用字段名表示

D. 主索引名不是必须用字段名表示

24. 若要按多个字段建立索引,应( )。

A. 在表设计器中的"索引"选项卡中,在"索引名"文本框中输入索引名,在"类型"下拉列表中选择一个索引类型,在"表达式"文本框中输入索引表达式

B. 在表设计器中的"字段"选项卡中,在"索引名"文本框中输入索引名,在"类型"下拉列表中选择一个索引类型,在"表达式"文本框中输入索引表达式

C. 在表设计器中的"字段"选项卡中,在多个字段的定义索引下拉列表中选择按"升序"或按"降序"索引

D. 在表设计器中的"索引"选项卡中,在多个字段的定义索引下拉列表中选择按"升序"或按"降序"索引

25. 下列说法中正确的是( )。

A. 在表设计器的"索引"选项卡中可以定义单项索引

B. 在定义索引的下拉列表框中选择了升序或降序,则在对应的字段上建立了一个普通索引,索引名与字段名同名,索引表达式就是对应的字段

C. 在定义索引的下拉列表框中选择了升序或降序,则在对应的字段上建立了一个主索引,索引名与字段名同名,索引表达式就是对应的字段

D. 在定义索引的下拉列表框中选择了升序或降序,则在对应的字段上建立了一个唯一

索引,索引名与字段名同名,索引表达式就是对应的字段。

26. 要在数据库中的各个表之间建立一对一关系,子表的关键字段必须建立( )。

A. 唯一索引   B. 主索引

C. 普通索引   D. 候选索引或唯一索引

27. 永久关系建立后( )。

A. 在数据库关闭后自动取消   B. 如不删除将长期保存

C. 无法删除   D. 只供本次运行使用

28. 在设置数据库中的表之间的永久关系时,以下说法正确的是( )。

A. 父表必须建立主索引,子表可以不建立索引

B. 父表、子表都必须建立主索引

C. 父表必须建立主索引,子表必须建立候选索引

D. 父表必须建立主索引,子表可以建立普通索引

29. 下列说法中错误的是( )。

A. 永久性关系定义了两个表格之间的各种关系,每次打开表时,Visual FoxPro 会自动使用这些关系

B. 临时性关系在退出 Visual FoxPro 时,就会失效

C. 使用 SET RELATION 命令创建的是永久性关系

D. 永久性关系是作为数据库的一部分保存起来的

30. 在数据库设计器中,建立两个表之间的一对多联系是通过以下索引实现的( )。

A. "一方"表的主索引或候选索引,"多方"表的普通索引

B. "一方"表的主索引,"多方"表的普通索引或候选索引

C. "一方"表的普通索引,"多方"表的主索引或候选索引

D. "一方"表的普通索引,"多方"表的候选索引或普通索引

31. 下列叙述中错误的是( )。

A. 一个表可以有多个外部关键字

B. 数据库表可以设置记录级的有效性规则

C. 永久性关系建立后,主表记录指针将随子表记录指针相应移动

D. 对于临时性关系,一个表不允许有多个主表

32. 要控制两个表中数据的完整性和一致性可以设置"参照完整性",要求这两个表( )。

A. 是同一个数据库中的两个表   B. 不同数据库中的两个表

C. 两个自由表   D. 一个是数据库表另一个是自由表

33. Visual FoxPro 参照完整性规则不包括( )。

A. 更新规则   B. 查询规则   C. 删除规则   D. 插入规则

34. 下列关于空值的说法中正确的是( )。

A. 空值与 0、空字符串等具有相同的含义

B. 空值就是缺值或还没有确定值

C. 可以把空理解为任何意义的数据

D. 设有一个表示价格的一个字段值,空值表示免费

35. 在 Visual FoxPro 中进行参照完整性设置时,要想设置成:当更改父表中的主关键

字段或候选关键字段时,自动更改所有相关子表记录中的对应值,应选择( )。

A. 限制(Restrict)　　　　　　　　　　B. 忽略(Ignore)

C. 级联(Cascade)　　　　　　　　　　D. 级联(Cascade)或限制(Restrict)

36. 表结构中空值(NULL)的含义是( )。

A. 空格　　　　　　B. 0　　　　　　C. 默认值　　　　　　D. 尚未输入

37. 在设计数据库表时,若在"工号"字段的"输入掩码"文本框中输入"GH999",则在输入时输入的格式是( )。

A. 由字母 GH 和三个 9 组成　　　　　B. 由两个任意的字母和三个 9 组成

C. 由字母 GH 和一到三位数字组成　　D. 由字母 GH 和三位数字组成

38. 在 Visual FoxPro 中,可以对字段设置默认值的表( )。

A. 必须是数据库表　　　　　　　　　B. 必须是自由表

C. 自由表或数据库表　　　　　　　　D. 不能设置字段的默认值

39. 使用数据字典可以( )。

A. 保证主关键字字段内容的唯一性　　B. 方便输入数据

C. 保证字段内容的安全性　　　　　　D. 保证字段内容的完整性

40. 以下叙述中正确的是( )。

A. 删除一个数据库后,其内的表也一定被删除

B. 任何一个表只能为一个数据库所有,不能同时添加到多个数据库

C. 候选关键字的值不能有重复的数据,但可以有空值

D. 可为自由表设置主索引、普通索引、唯一索引

41. 在 Visual FoxPro 中,打开数据库的命令是( )。

A. OPEN DATABASE <数据库名>　　　B. USE <数据库名>

C. USE DATABASE <数据库名>　　　　D. OPEN <数据库名>

42. 打开数据库设计器的命令是( )。

A. CREATE DATABASE　　　　　　　B. OPEN DATABASE

C. SET DATABASE TO　　　　　　　　D. MODIFY DATABASE

43. 在表设计器的( )选项卡中,可以设置记录验证规则、有效性出错信息,还可以指定记录插入、更新及删除的规则。

A. 字段　　　　　　B. 规则　　　　　　C. 索引　　　　　　D. 表

44. 为字段设置了( )后,输入的新数据必须符合这个要求才能被接收,否则要求用户重新输入该数据。

A. 有效性规则　　　B. 有效性信息　　　C. 默认值　　　　D. 删除触发规则

45. 在"数据库设计器"窗口中选择表间关系连线,下列操作中不可以进行的是( )。

A. 删除关系　　　　　　　　　　　　B. 添加关系

C. 编辑关系　　　　　　　　　　　　D. 编辑参照完整性

46. 从数据库中删除表 ABC. DBF 的命令是( )。

A. DROP TABLE ABC. DBF　　　　　　B. ALTER TABLE ABC. DBF

C. DELETE TABLE ABC. DBF　　　　　D. REMOVE TABLE ABC. DBF

二、填空题

1. 一个表能创建（   ）个主索引。

2. Visual FoxPro 的主索引和候选索引可以保证数据的（   ）完整性。

3. 在数据库表之间创建一个永久关系，这种关系是作为（   ）保存起来的。

4. 数据库表之间的一对多联系通过主表的（ ① ）索引和子表的（ ② ）索引实现。

5. NULL 是表示（   ）。

6. 一个数据库表能与（   ）个数据库相联。

7. 字段格式实质上是一个（   ），它决定了字段在表单、浏览窗口等界面中的显示风格。

8. 参照完整性与表之间的关系有关，即当（ ① ）、（ ② ）和（ ③ ）一个表中的数据时，通过参照引用关联的另一个表的数据，来检查对表的数据操作是否正确。

9. 在"删除"规则中，如果选择"限制"，则如果子表中有相关的记录，则（   ）删除父表中的记录。

10. 数据库表支持（ ① ）、（ ② ）和（ ③ ）事件的触发器。

三、参考答案

选择题

1. A 2. B 3. C 4. B 5. D 6. B 7. C 8. B 9. B 10. C 11. C 12. D
13. C 14. D 15. A 16. C 17. A 18. B 19. C 20. A 21. A 22. B
23. C 24. A 25. B 26. B 27. C 28. D 29. C 30. B 31. C 32. A
33. B 34. B 35. C 36. D 37. C 38. A 39. A 40. B 41. A 42. B
43. D 44. A 45. B 46. A

填空题

1. 一   2. 实体   3. 数据库的一部分   4. ①主   ②普通
5. 是否允许字段为空值   6. 一   7. 输出掩码   8. ①插入   ②修改   ③删除
9. 禁止   10. ①INSERT   ②UPDATE   ③DELETE

4.6 SQL 语言的应用

一、选择题

1. 下列说法中正确的是（   ）。

A. SQL 语言不可以直接以命令方式交互使用，只能嵌入到程序设计语言中以程序方式使用

B. SQL 语言只能直接以命令方式交互使用，不能嵌入到程序设计语言中以程序方式使用

C. SQL 语言既不可以直接以命令方式交互使用，也不可以嵌入到程序设计语言中以程序方式使用，是在一种特殊的环境下使用的语言

D. SQL 语言可以直接以命令方式交互使用，也可以嵌入到程序设计语言中以程序方式使用

2. SQL 语言具有（   ）的功能。

A. 关系规范化、数据操纵、数据控制、数据定义

B. 数据定义、数据操纵、数据查询、数据控制

C. 数据定义、关系规范化、数据控制、数据操纵

D. 数据定义、关系规范化、数据操纵、数据查询

3. SQL 的核心功能是(　　　)。

A. 数据查询　　　　B. 数据修改　　　　C. 数据定义　　　　D. 数据控制

4. SQL 语句中,SELECT 命令中 JOIN 短语用于建立表之间的联系,联接条件应出现在(　　　)短语中。

A. WHERE　　　　B. ON　　　　C. HAVING　　　　D. IN

5. SQL 语句中删除表中数据的语句是(　　　)。

A. DROP　　　　B. ERASE　　　　C. CANCLE　　　　D. DELETE

6. 用 SQL 语句建立表时为属性定义主关键字,应在 SQL 语句中使用短语(　　　)。

A. DEFAULT　　　　B. PRIMARY KEY　　　　C. CHECK　　　　D. UNIQUE

7. SQL 语句的 DROP INDEX 的作用是(　　　)。

A. 删除索引　　　　B. 建立索引　　　　C. 修改索引　　　　D. 更新索引

8. SQL 语句中条件短语的关键字是(　　　)。

A. WHERE　　　　B. FOR　　　　C. WHILE　　　　D. CONDITION

9. SQL 中可以使用的通配符有(　　　)。

A. *　　　　B. %　　　　C. _　　　　D. B 项和 C 项

10. 在 SELECT 语句中,若要比较两个字符串是否匹配,可以使用的通配符是(　　　)。

A. %和_　　　　B. %　　　　C. ?　　　　D. *

11. 字符串匹配运算符是(　　　)。

A. LIKE　　　　B. AND　　　　C. IN　　　　D. =

12. 将查询结果放在数组中应使用(　　　)短语。

A. INTO CURSOR　　　　B. TO ARRAY

C. INTO TABLE　　　　D. INTO ARRAY

13. SQL 实现分组查询的短语是(　　　)。

A. ORDER BY　　　　B. GROUP BY　　　　C. HAVING　　　　D. ASC

14. 用 SQL 语句建立表时为属性定义有效性规则,应使用短语(　　　)。

A. DEFAULT　　　　B. PRIMARY KEY　　　　C. CHECK　　　　D. UNIQUE

15. SQL 语句中将查询结果存入数组中,应使用的短语是(　　　)。

A. INTO CURSOR　　　　B. TO ARRAY

C. INTO TABLE　　　　D. INTO ARRAY

16. 书写 SQL 语句时,若语句要占用多行,在行的末尾要加续行符(　　　)。

A. :　　　　B. ;　　　　C. ,　　　　D. "

17. SQL 语言中,集合的并运算符是(　　　)。

A. U　　　　B. OR　　　　C. AND　　　　D. UNION

18. SQL 查询语句中,(　　　)短语用于实现关系的投影操作。

A. WHERE　　　　B. SELECT　　　　C. FROM　　　　D. GROUP BY

19. 向表中插入数据的 SQL 语句是( )。

A. INSERT　　　　　　　　　　　　B. INSERT INTO

C. INSERT BLANK　　　　　　　　　D. INSERT BEFORE

20. HAVING 短语不能单独使用,必须接在( )短语之后。

A. ORDER BY　　B. FROM　　　　C. WHERE　　　　D. GROUP BY

21. SQL 语句中的短语( )。

A. 必须是大写的字母　　　　　　　B. 必须是小写的字母

C. 大小写字母均可　　　　　　　　D. 大小写字母不能混合使用

22. 用于更新表中数据的 SQL 语句是( )。

A. UPDATE　　　B. REPLACE　　　C. DROP　　　　D. ALTER

23. SQL 的数据操作语句不包括( )。

A. INSERT　　　　B. DELETE　　　　C. UPDATE　　　D. CHANGE

下面各题可能要用到下面的表:

STUDENT 表

学号(C,4) 姓名(C,6) 性别(C,2) 年龄(N,2) 总成绩(N,3,0)

学号	姓名	性别	年龄	总成绩
0301	曹茹欣	女	19	
0302	倪红健	男	20	
0303	肖振奥	男	21	

COURSE 表

课程号(C,2) 课程名(C,10) 学时数(N,3,0)

课程号	课程名	学时数
01	计算机	68
02	哲学	120
03	大学物理	190

SCORE 表

学号(C,4) 课程号(C,2) 成绩(N,3,0)

学号	课程号	成绩
0301	01	85
0301	02	86
0302	03	65
0302	02	78
0303	01	90
0303	02	91
0303	03	96

24. 建立 STUDENT 表的结构:学号(C,4),姓名(C,8),课程名(C,20),成绩(N,3),使用 SQL 语句( )。

A. NEW STUDENT(学号 C(4),姓名 C(8),课程号 C(20),成绩 N(3,0))

B. CREATE STUDENT(学号 C(4),姓名 C(8),课程号 C(20),成绩 N(3,0))

C. CREATE STUDENT(学号,姓名,课程号,成绩) WITH(C(4),C(8),C(20),N(3,0))

D. ALTER STUDENT(学号 C(4),姓名 C(8),课程号 C(20),成绩 N(3,0))

25. 在上面 3 个表中查询学生的学号、姓名、课程名和成绩,使用 SQL 语句( )。

A. SELECT A.学号,A.姓名,B.课程名,C.成绩 FROM STUDENT,COURSE,SCORE

B. SELECT 学号,姓名,课程名,成绩 FROM STUDENT,COURSE,SCORE

C. SELECT 学号,姓名,课程名,成绩 FROM STUDENT,COURSE,SCORE;

WHERE STUDENT. 学号＝SCORE. 学号 AND COURSE. 课程号＝SCORE. 课程号

D. SELECT A. 学号,A. 姓名,B. 课程名,C. 成绩 FROM STUDENT A;

　　COURSE B,SCORE C WHERE STUDENT. 学号＝SCORE. 学号 AND;

　　COURSE. 课程号＝SCORE. 课程号

26. 在 SCORE 表中,按成绩升序排列,将结果存入 NEW 表中,使用 SQL 语句(　　　)。

A. SELECT ＊ FROM SCORE ORDERBY 成绩

B. SELECT ＊ FROM SCORE ORDERBY 成绩 INTO CURSOR NEW

C. SELECT ＊ FROM SCORE ORDERBY 成绩 INTO TABLE NEW

D. SELECT ＊ FROM SCORE ORDERBY 成绩 TO NEW

27. 有 SQL 语句:

SELECT 学号,AVG(成绩) AS 平均成绩 FROM SCORE;
GROUP BY 学号 INTO TABLE TEMP

执行该语句后,TEMP 表中的第二条记录的"平均成绩"字段的内容是(　　　)。

A. 85.5　　　　　　B. 71.5　　　　　　C. 92.33　　　　　　D. 85

28. 有 SQL 语句:

SELECT DISTINCT 学号 FROM SCORE INTO TABLE T

执行该语句后,T 表中记录的个数是(　　　)。

A. 6　　　　　　　　B. 5　　　　　　　　C. 4　　　　　　　　D. 3

29. "UPDATE 学生 SET 年龄＝年龄＋1"命令的功能是(　　　)。

A. 将所有"学生"表中的学生的年龄变为一岁

B. 给所有"学生"表中的学生的年龄加一岁

C. 给"学生"表中当前记录的学生的年龄加一岁

D. 将"学生"表中当前记录的学生的年龄变为一岁

30. DELETE FROM S WHERE 年龄＞60 语句的功能是(　　　)。

A. 从 S 表中彻底删除年龄大于 60 岁的记录

B. S 表中年龄大于 60 岁的记录被加上删除标记

C. 删除 S 表

D. 删除 S 表的年龄列

二、填空题

1. 关系数据库的标准语言是(　　　)。

2. SQL 可以对两种基本数据进行操作,分别是(　①　)和(　②　)。

3. 如果要在查询结果中去掉重复值,则必须在命令中加入(　　　)短语。

4. SQL SELECT 语句为了将查询结果存放到临时表中应该使用(　　　)短语。

5. 使用 SQL 语句实现计算职称为"讲师"的所有职工的平均工资:SELECT(　①　)

FROM 教师(　②　)职称＝"讲师"

6. 用 SQL 语句实现将所有职工的工资提高 5%:(　①　)教师(　②　)工资＝工

资 ＊1.05

7. 在 CREATE TABLE 命令中使用的数据类型 C 是（　①　），T 是（　②　），I 是（　③　）。

8. 在 CREATE TABLE 命令中添加 FREE 短语，表示建立的表是一个（　　）。

9. 用 SQL CREATE 命令新建的表自动在最低可用工作区中打开，并可以通过别名引用，新表打开方式为（　　）。

10. 修改表的结构的命令是（　　）。

下面各填空题将会使用如下的"教师"表和"系"表

职工号	姓名	职称	年龄	工资	系号
030001	王 宏	教 授	38	2500.00	02
030002	张 雨	讲 师	28	1500.00	03
030003	孙羽飞	副教授	35	2100.00	01
030004	许 禾	助 教	23	1000.00	03

系号	系名
01	信息院
02	外语院
03	社科系

11. 使用 SQL 语句实现向系表添加一个新字段"系主任 C(8)"：（　①　）TABLE 系（　②　）系主任 C(8)

12. 使用 SQL 语句实现求"计算机"系所有职工的工资：

SELECT 工资 FROM 教师 WHERE 系号；
（　①　）(SELECT 系号 FROM（　②　）WHERE 系名＝"计算机"）

13. 数组 A 包含两个数据元素，分别为"04"和"数学"，把数组 A 中的数据元素添加到"系"表，使用 SQL 语句：（　①　）INTO 系 FROM（　②　）A

三、操作题

1. 用 SQL 的 SELECT 语句创建一个查询，其内容包含：RSDA.DBF 表中所有女职工的姓名、性别和职称的信息，查询结果按照基本工资降序显示。

2. 设图书管理数据库 DSGL.DBC 中包含如下的 3 个表。

（1）图书表 TSB.DBF，包含字段：总编号、分类号、书名、作者、出版单位、单价，上述字段中，只有"单价"为数值型，其余均为字符型；

（2）读者表 DZB.DBF，包含字段：借书证号、姓名、性别、单位、职称、地址，均为字符型；

（3）借阅表 JYB.DBF，包含字段：借书证号、总编号、借阅日期、备注，其中"借阅日期"为日期型，"备注"为备注型，其余为字符型。

试用 SELECT-SQL 语句实现功能：查找 2003 年 10 月 10 日之前借书的记录，并将结果放入表 CXJG.DBF 中，该表中包含的字段有：借书证号、姓名、单位、书名、分类号、单价、借阅日期。

3. 设有如下两个表：

"学生情况"表如下：

学号	班级	姓名	性别	出生年月
030701	03数学	张红	男	12/20/99
...				

"学生成绩"表如下：

学号	课程	成绩
030701	数学分析	68

试写出以下问题的 SQL-SELECT 查询语句：

(1)"学生成绩"表中所有不及格的学生成绩记录。

(2)"学生情况"表中"03数学"与"03中文"所有学生的记录。

(3) 按班级、学号、姓名、成绩字段顺序显示，查询班级为"03数学"、课程为"数学分析"的学生。

4. 设表 STU.DBF 有字段：学号、姓名、民族，表 SCORE.DBF 有字段：学号、成绩。请按以下要求写出有关的 SELECT-SQL 命令。

(1) 在它们之间建立逻辑连接，然后显示全体少数民族（非汉族）考生的学号、姓名和成绩。

(2) 在它们之间建立物理连接，生成一个新的表文件 SSC.DBF，要求包括学号、姓名、成绩 3 个字段。

(3) 对于 SCORE.DBF 表文件，通过学号建立分类汇总文件 SC.DBF。

5. 设有如下两个表：

T1.DBF(有字段：产品编号 C/8,产品名称 C/20,型号规格 C/12,单价 N/7/1)

T2.DBF(有字段：合同号 C/10,产品编号 C/8,数量 N/10/0)

现要求两张表以"产品编号"关联为基础，以"数量"为序，列出"数量"在 10 以上产品的产品编号、产品名称、单价、数量，并将结果放入表"查询数量"中。请写出能实现此要求的 SELECT-SQL 命令。

6. 设表 STUDENT.DBF 有字段：学号、姓名、性别、年龄、民族、专业、成绩等。请按以下要求写出有关的 SQL 命令。

(1) 在表中插入一个学生的记录：20011228,王刚,男,21。

(2) 列出男生的平均年龄。

(3) 列出女生的最小年龄。

(4) 列出所有姓"李"的学生的姓名、性别与年龄。

(5) 将少数民族（非汉族）学生的成绩提高 10 分。

(6) 删除成绩为空的记录。

四、参考答案

选择题

1. D 2. B 3. A 4. B 5. D 6. B 7. A 8. A 9. D 10. B 11. A 12. D
13. B 14. C 15. D 16. B 17. D 18. B 19. B 20. A 21. C 22. A 23. D
24. B 25. D 26. C 27. B 28. D 29. C 30. B

填空题

1. SQL 即结构化查询语言　　2. ①表　②视图　　3. DISTINCT

4. INTO CURSOR　　5. ①AVG(工资)　② WHERE

6. ①UPDATE　②SET　　7. ①字符型　②日期时间类型　③整数类型

8. 自由表　　9. 独占方式　　10. ALTER TABLE　　11. ①ALTER　②ADD

12. ①IN　②系　　13. ①INSERT　②ARRAY

操作题

1. SELECT 姓名,性别,职称 FROM RSDA WHERE 性别＝"女";
   ORDER BY 基本工资 DESC

2. SELECT DZB.借书证号,DZB.姓名,DZB.单位,TSB.书名;
   TSB.分类号,TSB.单价,JYB.借阅日期; FROM DZB,TSB,IYB;
   WHERE JYB.借阅日期<{^2003—10—10} AND JYB.借书证号＝DZB.借书证号;
   AND JYB.总编号＝TSB.总编号 INTO TABLE cxig.dbf

3. 命令如下：

(1) SELECT 学号,课程,成绩 FROM 学生成绩 WHERE 成绩＜60

(2) SELECT ＊ FROM 学生情况;
   WHERE 班级＝"03 数学"OR 班级＝"03 中文"

(3) SELECT 学生情况.班级,学生情况.学号,学生情况.姓名,学生成绩.成绩;
   FROM 学生情况;学生成绩 WHERE 学生情况.班级＝"03 数学"AND;
   学生成绩.课程＝"数学分析"AND 学生情况.学号＝学生成绩.学号

4. 命令如下：

(1) SELECT STU.学号,STU.姓名,SCORE.成绩 FROM SCORE,STU;
   WHERE STU.学号＝SCORE.学号 AND STU.民族<>"汉"

(2) SELECT STU.学号,STU.姓名,SCORE.成绩 FROM SCORE,STU;
   WHERE STU.学号＝SCORE.学号 INTO TABLE ssc.dbf

(3) SELECT ＊ FROM SCORE GROUP BY 学号 INTO TABLE sc.dbf

5. 命令如下：

SELECT T1.产品编号,T1.产品名称,T1.单价,T2.数量 FROM T1,T2;
   WHERE T1.产品编号＝T2.产品编号 AND T2.数量>=10 ORDER BY 数量;
   INTO TABLE 查询数量.dbf

6. 命令如下：

(1) INSERT INTO STUDENT(学号,姓名,性别,年龄);
   VALUES(20011228 王刚 男 21)

(2) SELECT AVG(年龄) FROM STUDENT WHERE 性别＝"男"

(3) SELECT MIN(年龄) FROM STUDENT WHERE 性别＝"女"

(4) SELECT 姓名,性别,年龄 FROM STUDENT WHERE 姓名＝"李"

(5) UPDATE STUDENT SET 成绩＝成绩＋10 WHERE 民族<>"汉"

(6) DELETE FROM STUDENT WHERE 成绩 IS NULL

4.7 查询与视图设计

一、选择题

1. 以下关于视图的描述中,正确的是(　　)。

A. 只能由自由表创建视图　　　　　　B. 不能由自由表创建视图

C. 只能由数据库表创建视图　　　　　D. 可以由各种表创建视图

2. 在"查询设计器"中,系统默认的查询结果的输出去向是(　　)。

A. 浏览　　　　　B. 报表　　　　　C. 表　　　　　D. 图

3. 默认的表间联接类型是(　　)。

A. 内部联接　　　　B. 左联接　　　　C. 右联接　　　　D. 完全联接

4. 查询设计器是一种(　　)。

A. 建立查询的方式　　　　　　　　　B. 建立报表的方式

C. 建立新数据库的方式　　　　　　　D. 打印输出方式

5. 在下列关于视图的叙述中,正确的一条是(　　)。

A. 视图和查询一样

B. 若导出某视图的数据库表被删除了,该视图不受任何影响

C. 视图一旦建立,就不能被删除

D. 当某一视图被删除后,由该视图导出的其他视图也将自动删除

6. 以下给出的四种方法中,不能建立查询的是(　　)。

A. 在项目管理器的"数据"选项卡中选择"查询",然后单击"新建"按钮

B. 选择"文件"菜单中的"新建"选项,打开"新建"对话框,"文件类型"选择"查询",单击"新建文件"按钮

C. 在命令窗口中输入 CREATE QUERY 命令建立查询

D. 在命令窗口中输入 SEEK 命令建立查询

7. "查询设计器"中的"筛选"选项卡的作用是(　　)。

A. 增加或删除查询的表　　　　　　　B. 观察查询生成的 SQL 程序代码

C. 指定查询条件　　　　　　　　　　D. 选择查询结果中包含的字段

8. 多表查询必须设定的选项卡为(　　)。

A. 字段　　　　　B. 筛选　　　　　C. 更新条件　　　　　D. 联接

9. 修改本地视图的命令是(　　)。

A. DELETE VIEW　　　　　　　　　B. CREATE SQL VIEW

C. MODIFY VIEW　　　　　　　　　D. SET VIEW

10. 以下关于视图说法错误的是(　　)。

A. 视图可以对数据库表中的数据按指定内容和指定顺序进行查询

B. 视图可以更新数据

C. 视图可以脱离数据库单独存在

D. 视图必须依赖数据库表而存在

11. 关于查询与视图,以下说法错误的是(　　)。

A. 查询和视图都可以从一个或多个表中提取数据

B. 视图是完全独立的,它不依赖于数据库的存在而存在

C. 可以通过视图更改数据源表的数据

D. 查询是作为文本文件,以扩展名.QPR存储的

12. 在 Visual FoxPro 中建立查询后,可以从表中提取符合指定条件的一组记录,(　　)。

A. 但不能修改记录

B. 同时又能更新数据

C. 但不能设定输出字段

D. 同时可以修改数据,但不能将修改的内容写回原表

13. 下列几项中,不能作为查询输出目标的是(　　)。

A. 临时表　　　　　B. 视图　　　　　C. 标签　　　　　D. 图形

14. 在下列 4 个同名文件中,查询文件是(　　)。

A. ABC.BAT　　　B. ABC.QPR　　　C. ABC.FMT　　　D. ABC.MEM

15. 以下关于查询的描述中,正确的是(　　)。

A. 只能由自由表创建查询　　　　　　　B. 不能由自由表创建查询

C. 只能由数据库表创建查询　　　　　　D. 可以由各种表创建查询

16. 只有满足联接条件的记录才包含在查询结果中,这种联接为(　　)。

A. 左联接　　　　　B. 右联接　　　　　C. 内部联接　　　　　D. 完全联接

17. 联接中包括第一命名表的所有行,这种联接为(　　)。

A. 左联接　　　　　B. 右联接　　　　　C. 内部联接　　　　　D. 完全联接

18. 联接中包括所有联接表的全部行,这种联接为(　　)。

A. 左联接　　　　　B. 右联接　　　　　C. 内部联接　　　　　D. 完全联接

19. 关于 Visual FoxPro 数据库的查询,以下的叙述中错误的是(　　)。

A. 查询的对象可以是表,也可以是已有的视图

B. 查询文件中的内容是一些用 SQL 命令定义的查询条件和规则

C. 执行查询文件与执行该文件包含的 SQL 命令的效果是一样的

D. 执行查询文件查询表中的数据时,必须事先打开有关的表

20. 视图不能单独存在,它必须依赖于(　　)。

A. 视图　　　　　B. 数据库　　　　　C. 表　　　　　D. 查询

21. 默认查询的输出形式是(　　)。

A. 表　　　　　B. 图形　　　　　C. 报表　　　　　D. 浏览

22. 在"添加表和视图"对话框中,"其他"按钮的作用是让用户选择(　　)。

A. 数据库表　　　　　　　　　　B. 视图

C. 不属于数据库的表　　　　　　D. 查询

23. 下列关于视图的叙述中不正确的是(　　)。

A. 视图分本地视图及远程视图

B. 视图是一种虚拟的表,只能基于一个表创建

C. 视图可以更新它所打开的表中的数据

D. 本地视图是从本地数据库的表或视图中按照指定条件选取一组记录,进行显示、输出,然后编辑这些记录

24. 下面的说法中错误的是( )。

A. 内部联接是指只有满足联接条件的记录才出现在查询结果中

B. 左联接是指除满足联接条件的记录出现在查询结果中外,第一个表中不满足联接条件的记录也出现在查询结果中

C. 右联接是指除满足联接条件的记录出现在查询结果中外,两个表中不满足联接条件的记录也出现在查询结果中

D. 全联接是指除满足联接条件的记录出现在查询结果中外,两个表中不满足联接条件的记录也出现在查询结果中

二、填空题

1. 视图和查询都可以对( )表进行操作。

2. 可用视图( )修改源表中数据。

3. 视图可分为(①)、(②)两种。

4. SQL 可以控制视图的( )方法。

5. 视图中的数据取自数据库中的(①)或(②)。

6. 由多个本地表创建的视图,应当称为( )。

7. 查询( )更新表中的数据。

8. 查询设计器的"联接"选项卡,可以控制( )选择。

9. 创建视图时,相应的数据库必须是( )状态。

三、参考答案

选择题

1. D 2. A 3. A 4. A 5. D 6. D 7. C 8. D 9. C 10. C 11. B 12. A
13. B 14. B 15. D 16. C 17. A 18. D 19. D 20. B 21. D 22. C 23. B
24. C

填空题

1. 本地 2. 更新功能 3. ①本地视图 ②远程视图

4. 更新 5. ①表 ②视图 6. 本地视图

7. 不能 8. 联接类型 9. 打开

4.8 项目管理器

一、选择题

1. 在 Visual FoxPro 中,为项目添加数据库或自由表,应选择( )选项卡。

A. 数据 B. 信息 C. 报表 D. 窗体

2. 对于 Visual FoxPro,以下说法正确的是( )。

A. 项目管理器是一个大文件夹,里面有若干个小文件

B. 项目管理器是管理开发应用程序的各种文件、数据和对象的工具

C. 项目管理器只能管理项目不能管理数据

D. 项目管理器不可以使用向导打开

3. 要删除项目管理器包含的文件,需要使用项目管理器的( )按钮。

A. 连编 B. 删除 C. 添加 D. 移去

4. 项目管理器可以有效地管理表、表单、数据库、菜单、类、程序和其他文件,并且可以将它们编译成( )。

A. 扩展名为.APP 的文件 B. 扩展名为.EXE 的文件

C. 扩展名为.APP 或.EXE 的文件 D. 扩展名为.PRG 的文件

5. 要设置项目的帮助文件,选用"项目"菜单中的"项目信息",在"项目信息"对话框选择( )选项。

A. 项目 B. 信息 C. 文件 D. 服务程序

6. 在项目管理器中删除数据库时出现相应对话框,选择"删除"按钮将( )。

A. 从项目管理器中删除数据库,但并不从磁盘上删除相应的数据库文件

B. 从项目管理器中删除数据库,并从磁盘上删除相应的数据库文件及数据库中的表对象

C. 从项目管理器中删除数据库,并从磁盘上删除相应的数据库文件

D. 不进行删除操作

7. 下列说法中错误的是( )。

A. 所谓项目是指文件、数据、文档和 Visual FoxPro 对象的集合

B. 项目管理器是 Visual FoxPro 中处理数据和对象的主要组织工具

C. 项目管理器提供了简便的、可视化的方法来组织和处理表、数据库、表单、报表、查询和其他一切文件

D. 在项目管理器中可以将应用系统编译成一个扩展名为.exe 的可执行文件,而不能将应用系统编译成一个扩展名为.app 的应用文件

8. 项目管理器将一个应用程序的所有文件集合成一个有机的整体,形成一个扩展名为( )的项目文件。

A. .DBC B. .PJX C. .PRG D. .EXE

9. 创建一个空的项目文件的操作是( )。

A. 从"文件"菜单中选择"新建"命令,在弹出的"新建"对话框中选择"项目"单选项,单击"新建文件"按钮

B. 从"文件"菜单中选择"新建"命令,在弹出的"新建"对话框中选择"项目"单选项,单击"向导"按钮

C. 单击常用工具栏中的"新建"按钮,在弹出的"新建"对话框中选择"项目"单选项,单击"向导"按钮

D. 从"文件"菜单中选择"新建项目"命令

10. 当激活"项目管理器"窗口时,( )。

A. 原来显示为灰色的"项目"菜单变为可用 B. 将在菜单栏中显示"项目"菜单

C. "项目"菜单变为不可用 D. 菜单栏中没有任何变化

11. 打开一个已有的项目的操作,错误的是( )。

A. 从"文件"菜单中选择"打开"命令,在弹出的"打开"对话框中选择"文件类型"为项

目文件,然后双击要打开的项目

B. 单击"常用"工具栏上的"打开"按钮,在弹出的"打开"对话框中选择"文件类型"为项目文件,然后双击要打开的项目

C. 在资源管理器窗口中单击以".pjx"为扩展名的文件,系统将自动打开 Visual FoxPro,并在其中打开所选的项目文件

D. 在资源管理器窗口中双击以".DBC"为扩展名的文件,系统将自动打开 Visual FoxPro,并在其中打开所选的项目文件

12. 以下操作不能在"数据"选项卡中实现的是( )。

A. 在"数据"选项卡中可以新建或修改查询

B. 可以展开数据库到表的单个字段

C. 在"数据"选项卡中可以新建数据库表和自由表

D. 在"数据"选项卡中可以新建一个表单

13. 打开 Visual FoxPro"项目管理器"的"文档"选项卡,其中包含( )。

A. 表单(Form)文件　　　　　　　　B. 报表(Report)文件

C. 标签(Label)文件　　　　　　　　D. 以上3种文件

14. 在项目管理器中选择删除文件的操作方法是( )。

A. 先选择要移去的文件,单击"移去"按钮,在弹出的对话框中单击"移去"按钮

B. 从"项目"菜单中选择"删除文件"命令,在弹出的对话框中单击"移去"按钮

C. 先选择要移去的文件,单击"删除"按钮,在弹出的对话框中单击"移去"按钮

D. 直接单击"删除"按钮

15. 下列说法中正确的是( )。

A. 一个文件可以同时被多个项目包含

B. 项目中的每一个文件都是以独立文件的形式存在

C. 项目与项目中的文件只是建立了一种关联

D. 在项目管理器中新建或添加一个文件,意味着该文件已经成为项目的一部分

二、填空题

1. 项目管理器中每个数据库都包含本地视图、远程视图、(①)、存储过程和(②)。

2. 项目管理器用( )的方法来管理属于同一个项目的文件。

3. 在项目管理器中将数据库展开至表,选择要操作的表,然后单击"( )",即在"浏览"窗口中浏览该表。

4. 要设置主控程序,应在"项目"菜单中选择( )选项。

5. 应用程序的执行总是从( )开始执行。

三、参考答案

选择题

1. A　2. B　3. D　4. C　5. D　6. C　7. D　8. B　9. A　10. B　11. C　12. D　13. D　14. A　15. D

填空题

1. ①表　②连接　2. 图形化分类　3. 浏览　4. 设置主文件　5. 主文件

4.9 结构化程序设计

一、选择题

1. 组成 Visual FoxPro 应用程序的基本结构是（　　）。

A. 顺序结构、分支结构和模块结构

B. 顺序结构、分支结构和循环结构

C. 逻辑结构、物理结构和程序结构

D. 分支结构、重复结构和模块结构

2. 用于建立、修改、运行与打印程序文件的 Visual FoxPro 命令依次是（　　）。

A. CREATE、MODIFY、DO 和 PRINT

B. MODI COMM、MODI COMM、DO 和 PRINT

C. MODI COMM、MODI COMM、RUN 和 TYPE

D. MODI COMM、MODI COMM、DO 和 TYPE

3. 在 Visual FoxPro 中，命令文件的扩展名是（　　）。

A. TXT　　　　　B. PRG　　　　　C. DBF　　　　　D. FMT

4. 在 SAY 语句中，GET 子句的变量必须用（　　）命令激活。

A. ACCEPT　　　B. INPUT　　　　C. READ　　　　D. WAIT

5. 用于声明某变量为全局变量的命令是（　　）。

A. WITH　　　　B. PRIVATE　　　C. PUBLIC　　　D. PARAMETERS

6. 可使程序单步执行的命令是（　　）。

A. SET ESCAPE ON　　　　　　　B. SET DEBUG ON

C. SET STEP ON　　　　　　　　D. SET TALK ON

7. 能接受一位整数并存放到内存变量 Y 中的正确命令是（　　）。

A. WAIT TO Y　　　　　　　　　B. ACCEPT TO Y

C. INPUT TO Y　　　　　　　　　D. @10,10 SAY Y PICTURE "9"

8. Visual FoxPro 中的 DOCASE…ENDCASE 语句属于（　　）。

A. 顺序结构　　　B. 循环结构　　　C. 分支结构　　　D. 模块结构

9. 在"先判断后工作"的循环程序结构中，循环体执行的次数最少可以是（　　）。

A. 0　　　　　　B. 1　　　　　　C. 2　　　　　　D. 不确定

10. 若将过程或函数放在过程文件中，可以在应用程序中使用（　　）命令打开过程文件。

A. SET PROCEDURE TO ＜文件名＞

B. SET FUNCTION TO ＜文件名＞

C. SET PROGRAM TO ＜文件名＞

D. SET ROUTINE TO ＜文件名＞

11. 在 Visual FoxPro 程序中，注释行使用的符号是（　　）。

A. //　　　　　　B. *　　　　　　C. '　　　　　　D. { }

12. 以下有关 Visual FoxPro 过程文件的叙述，其中正确的是（　　）。

A. 过程文件中只允许包含过程

B. 可直接用 Do＜过程名＞执行过程

C. 先用 SET PROCEDURE TO＜过程文件名＞命令打开过程文件,然后用 USE ＜过程名＞执行过程

D. 先用 SET PROCEDURE TO 命令关闭原来已打开的过程文件,然后用 DO ＜过程名＞执行过程

13. 在数据库应用系统中,为保证数据安全通常使用口令程序。要使输入的口令不在屏幕上显示,在口令输入命令的前后应分别使用( )命令。

A. SET TALK OFF 和 SET TALK ON

B. SET CONSOLE OFF 和 SETCONSOLE ON

C. SET CONSOLE ON 和 SET CONSOLE OFF

D. SET DELETED OFF 和 SET DELETED ON

14. Visual FoxPro 循环结构程序设计中,在指定范围内扫描表文件,查找满足条件的记录并执行循环体中的操作命令,应使用的循环语句是( )。

A. FOR　　　　　　B. WHILE　　　　　　C. SCAN　　　　　　D. 以上都可以

15. 不能输出字符型变量 x 值的是( )。

A. @10,10 SAY x

B. ? &x

C. @10,10 GET x

D. @10,10 SAY "x=" GET x

16. 设有如下程序:

```
SET TALK OFF
CLEAR
USE GZ
DO WHILE  !EOF()
 IF 基本工资>=800
  SKIP
  LOOP
 ENDIF
 DISPLAY
 SKIP
ENDDO
USE
RETURN
```

该程序实现的功能是( )。

A. 显示所有基本工资大于 800 元的职工信息

B. 显示所有基本工资低于 800 元的职工信息

C. 显示第一条基本工资大于 800 元的职工信息

D. 显示第一条基本工资低于 800 元的职工信息

17. 执行下列程序:

```
SET TALK OFF
STORE 0 TO X,Y
DO WHILE X<20
```

```
   X=X+Y
   Y=Y+2
ENDDO
?X,Y
SET TALK ON
RETURN
```

在屏幕上显示的输出结果是( )。

A. 20 10   B. 10 20   C. 20 22   D. 22 20

18. 执行下列程序后,变量 X 的值为( )。

```
SET TALK OFF
PUBLIC X
X=5
DO SUB
?"X=",X
SET TALK ON
RETURN
PROCEDURE SUB
PRIVATE X
X=1
X=X*2+1
RETURN
```

A. 5   B. 6   C. 7   D. 8

19. 以下程序执行后的显示结果是( )。

```
** 主程序: AAA.PRG
SET TALK OFF
CLEAR
X=20
Y=30
DO BBB
? X,Y
RETURN
** 子程序: BBB.PRG
PRIVATE Y
X=40
Y=50
RETURN
```

A. 20 30   B. 40 50   C. 30 40   D. 40 30

20. 下面程序的运行结果是( )。

```
SET TALK OFF
DIMENSION A(6)
FOR K=1 TO 6
 A(K)=30-3*K
ENDFOR
K=5
 DO WHILE K>=1
```

```
    A(K)＝A(K)－A(K＋1)
    K＝K－1
ENDDO
?A(2),A(4),A(6)
SET TALK ON
RETURN
```

 A. 12 15 18 B. 18 12 15   C. 18 15 12   D. 15 18 12

21. LOOP 语句不能出现在仅有( )语句的程序段中。

 A. DO…ENDDO   B. IF…ENDIF

 C. FOR…ENDFOR   D. SCAN…ENDSCAN

22. 程序如下：

```
SET TALK OFF
S＝0
I＝1
DO WHILE I＜4
ACCEPT "请输入字符串: " TO X
IF"A" $ X
S＝S＋1
ENDIF
I＝I＋1
ENDDO
?S
RETURN
```

运行时输入:"abcd"、"ABCD"、"aBcD",输出 S 的值是( )。

 A. 1   B. 2   C. 3   D. 4

23. 设表文件 CJ. DBF 中有两条记录,内容如下:

```
Record#   XM    ZF
1   王燕   300.00
2   李明   500.00
```

此时,运行以下程序的结果应当是( )。

```
SET TALK OFF
USE CJ
M—>ZF＝0
DO WHILE.NOT.EOF()
  M—>ZF＝M—>ZF＋ZF
  SKIP
  ENDDO
  ?M—>ZF
  RETURN
```

 A. 800.00   B. 500.00   C. 300.00   D. 200.00

24. 有如下 Visual FoxPro 程序：

```
** 主程序 ZCX.PRG        ** 子程序 ZCX1.PRG
SET TALK OFF              K1＝K1＋'500'
```

```
K1='25'                    RETURN
? K1
DO ZCX1
? K1
RETURN
```

用命令 DO ZCX 运行程序后,屏幕显示的结果为(   )。

A. 25   B. 25   C. 25   D. 25

  500   525   25500   25

25. 设表文件 XSCJ.DBF 中有 8000 条记录,其文件结构是:姓名(C,8),成绩(N,5,1)。
此时若运行以下程序,屏幕上将显示(   )。

```
SET TALK OFF
USE XSCJ
J=0
DO WHILE .NOT. EOF()
   J=J+成绩
   SKIP
ENDDO
?'平均分:'+STR(J/8000,5,1)
RETURN
```

A. 平均分:XXX.X(X 代表数字)   B. 数据类型不匹配

C. 平均分:J/8000   D. 字符串溢出

26. 执行如下程序:

```
STORE ""TO ANS
DO WHILE.T.
CLEAR
@3,10 SAY"1.添加 2.删除 3.修改 4.退出"
@5,15 SAY"请输入选择:"GET ANS
READ
IF VAL(ANS)<=3  .AND. VAL(ANS)<>0
PROG="PROG"+ANS+".PRG"
DO SLPROG
ENDIF
QUIT
ENDDO
RETURN
```

如果在屏幕显示"请输入选择:"时,输入 4,则系统将(   )。

A. 调用子程序 PROG4.PRG   B. 调用子程序 &PROG.PRG

C. 返回 Visual FoxPro 主窗口   D. 返回操作系统状态

27. 有如下 Visual FoxPro 程序:

```
** 主程序:Z.PRG          ** 子程序:Z1.PRG
SET TALK OFF             X2=X2+1
STORE 10 TO X1,X2,X3     DO Z2
X1=X1+1                  X1=X1+1
```

```
DO Z1                          RETURN
? X1+X2+X3                      ** 子程序: Z2. PRG
RETURN                         X3=X3+1
SET TALK ON                    RETURN TO MASTER
RETURN
```

执行命令 DO Z 后,屏幕显示的结果为(　　)。

A. 33 　　　　　 B. 32 　　　　　 C. 31 　　　　　 D. 30

28.下列程序的运行结果是(　　)。

```
STORE 0 TO M,N
DO WHILE M<30
 N=N+3
 M=M+N
ENDDO
?M,N
RETURN
```

A. 30　12　　　　 B. 12　　30　　　 C. 45　15　　　 D. 15　45

29. 在下列程序中,如果要使程序继续循环,变量 M 的输入值应为(　　)。

```
DO WHILE .T.
WAIT "M=" TO M
IF UPPER(M) $ "YN"
EXIT
ENDIF
ENDDO
```

A. Y 或 y 　　　　　　　　　　 B. N 或 n

C. Y、y 或者 N、n 　　　　　　　 D. Y、y、N、n 之外的任意字符

30. 下列程序执行时,在键盘上输入 9,则屏幕上的显示结果是(　　)。

```
INPUT "X="TO X
DO CASE
CASE X>10
? "OK1"
CASE X>20
? "OK2"
OTHERWISE
? "K3"
ENDCASE
```

A. "OK1", 　　　 B. OK1 　　　　 C. OK2 　　　　 D. OK3

二、阅读程序题

1. 写出下列程序运行结果。

```
STORE 0 TO N,S
DO WHILE .T.
 N=N+1
 S=S+N
 IF N>11
```

```
      EXIT
    ENDIF
ENDDO
? "S="+STR(S,2)
RETURN
```

2. 写出下列程序运行结果。

```
SET TALK OFF
CLEAR
STORE 1 TO S,I,J
DO WHILE I<=10
S=S+I+J
J=10
DO WHILE J>I
S=S+I+J
J=J-5
ENDDO
I=I+5
ENDDO
?"S=", S
SET TALK ON
RETURN
```

3. 写出下列程序运行结果。

```
SET TALK OFF
M=1
DO WHILE M<4
 N=1
 ??M
 DO WHILE N<=M
  TT=N+M
  ??TT
  N=N+1
 ENDDO
 ?
 M=M+1
ENDDO
RETURN
```

4. 有如下 ABC.PRG 和 XYZ.PRG 两个程序,写出执行命令 DO ABC 后的结果。

```
**  ABC.PRG              **  XYZ.PRG
SET TALK OFFP            PARA x,y,z
STORE 10 TO a,b,c        PUBLIC i,m
DO xyz WITH a,a+b,10     STORE 5 TO i,m,n
?a,b,c                   i=x+y
?i,m,n                   x=y+z
SET TALK ON              y=m+n
RETURN                   ?x,y,2
                         RETURN
```

5. 写出下述程序的运行结果。

```
SET TALK OFF
STORE 0 TO a,b,c,d,n
DO WHILE.T.
 n=n+5
 DO CASE
 CASE n<=50
 a=a+1
 LOOP
 CASE n>=100
 b=b+1
 EXIT
 CASE n>=80
 c=c+1
 OTHER
 d=d+1
 ENDCASE
 n=n+5
ENDDO
?a,b,c,d,n
SET TALK ON
RETURN
```

6. 有如下 TEST.PRG 和 SUB.PRG 两个程序,写出执行命令 DO TEST 后的结果。

```
 * TEST.PRG
SET TALK OFF
PUBLIC a
a=1
c=3
b=5
DOSUB
?"返回主程序:a,b,c,d=",a,b,c,d
SET TALK ON
RETURN
```

```
 * SUB.PRG
PRIVATE c
a=a+1
d=2
c=4
b=6
?"过程中:a,b,c,d=",a,b,c,d
RETURN
```

7. 有如下两个程序,写出执行命令 DO MAIN 后的结果。

```
** MAIN.PRG
SET TALK OFF
CLEAR
A=6
B=7
DO SUB
?A,B
RETURN
```

```
** SUB.PRG
PRIVATE B
A=88
B=99
?A,B
RETURN
```

8. 阅读下列程序,并给出运行结果。

```
SET TALK OFF
CLEAR
```

```
STORE 0 TO X,Y,S1,S2,S3
DO WHILE X<15
X=X+1
DO CASE
  CASE INT(X/2)=X/2
    S1=S1+X/2
  CASE MOD(X,3)=0
    S2=S2+X/3
  CASE INT(X/2)<>X/2
    S3=S3+1
ENDCASE
ENDDO
?S1,S2,S3
SET TALK ON
RETURN
```

9. 阅读下列程序,并写出运行结果。

```
SET TALK OFF
CLEAR
STORE 1 TO X
STORE 30 TO Y
DO WHILE X<=Y
 IF INT(X/2)<>X/2
   X=1+X^2
   Y=Y+1
   LOOP
 ELSE
   X=X+1
 ENDIF
ENDDO
?X
?Y
SET TALK ON
RETURN
```

10. 运行下列程序,若依次输出数据 2,5,8,3,5,3,4,5,10,写出输出结果。

```
SET TALK OFF
I=1
CLEAR
DO WHILE I<=2
INPUT "A=" TO A
IF A>INT(A).OR. A>=10
LOOP
ELSE
INPUT "B=" TO B
IF B=INT(B).AND. B<10
LOOP
ELSE
? A,"+",B,"=",A+B
ENDIF
```

```
ENDIF
I=I+1
ENDDO
SET TALK ON
RETURN
```

11. 有下列两个程序,写出执行命令 DO PROG1 后的运行结果。

```
** PROG1. PRG                  ** SUBPRO. PRG
SET TALK OFF                   PRIVATE X
X="同学们"                      PUBLIC Z
Y="你们好!"                     X=100
? X+Y                          Y=200
DO SUBPRO                      Z=300
? X,Y,Z                        ? X+Y+Z
SET TALK ON                    RETURN
RETURN
```

12. 有以下 3 个程序,写出执行命令 DO TEST 后的运行结果。

```
** TEST.PRG
a=5
b=6
c=7
DO SUB1
?'a1,b1,c1=',a,b,c
DO SUB2 WITH a+b,c,10
?'a2,b2,c2=',a,b,c
RETURN
** SUB1. PRG                   ** SUB2. PRG
PRIVATE b,c                    PARAMETER x,y,z
a=21                           ? 'x,y,z=',x,y,z
b=22                           x=31
c=23                           y=32
RETURN                         z=33
                               DO SUB1
                               RETURN
```

13. 有以下两个程序,写出执行命令 DO MAIN_1 后的运行结果。

```
** MAIN_1. PRG                 ** SUB 1. PRG
SET TALK OFF                   PARAMETERS x,y
a=5                            y=x * y
b=10                           ?"y="+STR(y,3)
DO SUB_1 WITH 2 * a,b          RETURN
?"a=",a,"b=",b
SET TALK ON
RETURN
```

14. 有以下两个程序,写出执行命令 DO MAIN_2 后的运行结果。

```
** MAIN_2. PRG                 ** SUD_2. PRG
SET TALK OFF                   PRIVATE c
```

```
PUBLIC a                              a=a+1
a=5                                   PUBLIC b
c=10                                  b=6
DO SUB_2                              c=7
? "返回主程序: a,b,c,d=",a,b,c,d       d=8
SET TALK ON                          ? "过程中: a,b,c,d=",a,b,c,d
RETURN                               RETURN
```

15. 有以下两个程序,写出执行命令 DO MAIN 后的运行结果。

```
** MAIN.PRG                    ** PROC1.PRG
SET TALK OFF                   PROC P1
X=10                           PARA S1,S2
Y=5                            S1=S1 * 5
SET PROC TO PROC1              S2=S2+5
DO P1 WITH X,Y                 RETURN
? X,Y                          PROC P2
X=10                           PARA X,Y
Y=5                            X=5
DO P2 WITH X,Y                 Y=X+20
? X,Y                          RETURN
X=10
Y=5
DO P1 WITH X+5,Y
? X,Y
SET PROC TO
SET TALK ON
RETURN
```

16. 阅读下列程序,写出运行结果。

```
SET TALK OFF
N=111
DO WHILE N<=1000
N3=INT(N/100)
X=N-N3 * 100
N2=INT(X/10)
N1=X-N2 * 10
IF N1=N3
??N
ENDIF
N=N+100
ENDDO
SET TALK ON
RETURN
```

17. 阅读下面两个程序,写出执行 DO MAIN 命令后的运行结果。

```
** MAIN.PRG            ** P1.PRG
X1=1                   PARA W1,W2
X2=3                   W1=W1 * 2
DO P1 WITH X1,X2       W2=W2 * 2
```

```
?"X1="+STR(X1,1),"X2="+STR(X2,1)        RETURN
X1=2
X2=4
DO P1 WITH X1,X1+X2
?"X1="+STR(X1,1),"X2="+STR(X2,1)
RETURN
```

18. 写出下面程序的运行结果。

```
SET TALK OFF
DIMENSION y(3,4)
FOR i=1 TO 3
  FOR i=i+1 TO 4
    y(i,j)=i+j
  ENDFOR
ENDFOR
?y(2+1),y(2+2),y(2+3)
?y(3,2),y(3,3),y(3,4)
SET TALK ON
RETURN
```

19. 写出下面程序的运行结果。

```
SET TALK OFF
CLEAR
DIME X(3,4)
STORE 1 TO I,K
DO WHILE I<=3
 J=1
  DO WHILE J<=4
   X(I,J)=K
   ??X(I,J)
   K=K+5
   J=J+1
    ENDDO
I=I+1
ENDDO
SET TALK ON
RETURN
```

20. 有如下两个程序,写出执行 DO MAIN 命令后的运行结果。

```
 * MAIN.PRG           * SUB.PRG
 SET TALK OFF         IF X(i,j)>=3
 CLEAR MEMORY         X(i+j)=X(i,j)
 DIME X(4,3)          ENDIF
 i=1                  j=j-1
 DO WHILE i<3         RETURN
 j=i+1
 X(i,j)=j
 DO SUB
 X(i,j)=i
```

```
i＝i＋1
ENDDO
X(j,i)＝4
?X(1,1),X(1,2),X(1,3)
?X(6),X(2,1),X(5),X(7)
SET TALK ON
RETURN
```

三、程序填空题

1. STD 表中含有字段：姓名(C,8),课程名(C,16),成绩(N,3,0),下面一段程序用于显示所有成绩及格的学生信息。

```
SET TALK OFF
CLEAR
USE STD
DO WHILE(   ①   )
IF 成绩>=60
  ? "姓名"+姓名,"课程:"+课程名,"成绩:"+STR(成绩,3,0)
ENDIF
   (   ②   )
ENDDO
USE
SET TALK ON
RETURN
```

2. 下面的程序功能是按姓名提供学生成绩的查询,请填空：

```
SET TALK OFF
USE STD
ACCEPT "请输入待查学生姓名：" TO XM
DO WHILE .NOT. EOF()
IF(    )
?"姓名:"+姓名,"成绩:"+STR(成绩,3,0)
ENDIF
SKIP
ENDDO
SET TALK ON
RETURN
```

3. 下面程序用于逐个显示 TEACHER.DBF 中职称为教授的数据记录,请填空。

```
SET TALK OFF
CLEAR
USE TEACHER
DO WHILE.NOT.EOF()
IF 职称<>"教授"
SKIP
(    )
ENDIF
DISPLAY
WAIT "按任意键继续!"
SKIP
```

```
ENDDO
USE
SET TALK ON
RETURN
```

4. 有学生表 STUDENT.DBF,其中编号(N,2,0)字段的值从 1 开始连续排列。以下程序欲按编号的 1,9,17,25…的规律抽取学生参加比赛,并在屏幕上显示参赛学生编号,请填空。

```
SET TALK OFF
CLEAR
USE STUDENT
DO WHILE.NOT.EOF()
IF MOD(      )
    ??编号
ENDIF
SKIP
ENDDO
USE
SET TALK OFF
CLEAR
RETURN
```

5. 计算机等级考试的查分程序如下,请填空。

```
SET TALK OFF
USE STUDENT INDEX ST
ACCEPT "请输入准考证号: " TO NUM
FIND(      )
IF FOUND()
?姓名,"成绩: "+STR(成绩,3,0)
ELSE
?"没有此考生!"
ENDIF
USE
RETURN
```

6. 阅读下列判断一个自然数是否为质数的程序,并将程序填写完整。

```
SET TALK OFF
INPUT"请输入一个大于 1 的自然数: " TO N
K=0      && K 值为 0 表示所输入的数是质数,为 1 表示不是质数
J=2
DO WHILE J<N
IF MOD(N,J)(  ①  )
(  ②  )
LOOP
ELSE
K=1
EXIT
ENDIF
ENDDO
```

```
IF K=0
?(   ③   )+"是质数"
ELSE
?"NO!"
ENDIF
SET TALK ON
RETURN
```

7. 设共有 5 个表文件 STD1.DBF~STD5.DBF,下面程序的功能是删除每个表文件的末记录,请填空。

```
SET TALK OFF
n=1
DO WHILE n<=5
m=STR(n,1)
db=(   )
USE &db
GOTO BOTTOM
 DELETE
 PACK
 n=n+1
ENDDO
USE
SET TALK ON
RETURN
```

8. 下面程序的功能是根据销售表文件 SALE.DBF 中的数据去修改库存表文件 INVENTRY.DBF 的数据,请对程序填空。

```
SET TALK OFF
SELECT 1
USE INVENTRY
SELECT 2
USE SALE
DO WHILE(   ①   )
SELECT 1
LOCATE FOR 商品名=b->商品名
REPLACE 数量 WITH 数量—b->数量,总金额 WITH 单价 * 数量
SELECT 2
(   ②   )
ENDDO
CLOSE DATABASE
SET TALK ON
RETURN
```

9. 有一备份程序如下,其功能是将当前硬盘文件夹中 9 个班的成绩表文件复制到 A 盘上,表文件名分别为 CHJ1.DBF,CHJ2.DBF,…,CHJ9.DBF 等,要求在备份文件名前面冠以年号,例如 97BCHJ1.DBF,97BCHJ2.DBF,…,97BCHJ9.DBF 等,请填空。

```
SET TALK OFF
CLEAR
```

```
ACCEPT "请输入年号" TO NH          && 两位数字年号
I=1
DO WHILE I<=9
DBN="CHJ"+STR(I,1)
USE &DBN
COPY TO(    )
I=I+1
ENDDO
USE
SET TALK ON
RETURN
```

10. 设有图书表 TSH,包括字段(总编号、分类号、书名、作者、出版单位、单价);读者表 DZH(借书证号、姓名、性别、单位、职称、地址);借阅表.JY(借书证号、总编号、借阅日期、备注)。下面程序的功能是打印已借书读者的借书证号、姓名、单位以及借阅图书的书名、单价、借阅日期,请阅读程序并填空。

```
SET TALK OFF
SELECT 1
USE DZH
INDEX ON 借书证号 TO DSHH
SELECT 2
USE TSH
INDEX ON 总编号 TO SHH
SELECT 3
USE JY
SET RELATION TO 借书证号 INTO A
(   ①   )
LIST(   ②   )TO PRINT
CLOSE ALL
SET TALK ON
RETURN
```

11. 已知成绩表 CHJ.DBF 含有学号、平时成绩、考试成绩、等级等字段,前三个字段已存有某班学生的数据。其中,平时成绩和考试成绩均填入了百分制成绩。请以平时成绩占 20%、考试成绩占 80% 的比例确定等级并填入等级字段。等级评定办法是:90 分以上为优,75~89 为良,60~74 为及格,60 分以下为不及格。

```
SET TALK OFF
USE CHJ
DO WHILE(   ①   )
zhcj=平均*0.2+考试*0.8
DO CASE
CASE(   ②   )
dj="优"
CASE(   ③   )
dj="良"
CASE(   ④   )
dj="及格"
OTHERWISE
```

```
(  ⑤  )
ENDCASE
REPLACE 等级(  ⑥  )
(  ⑦  )
ENDDO
LIST
USE
SET TALK ON
RETURN
```

12. 下列程序是计算 1～30 之间能够被 3 整除的奇数的阶乘和,请填空。

```
** 主程序                  ** 过程 P1.PRG
SET TALK OFF              PARAMETERS M
S=0                      (  ④  )
FOR I=1 TO 30 STEP 2      N=1
IF(  ①  )               FOR J=1 TO M
(  ②  )                 N=N * J
 S=S+N                   ENDFOR
ENDIF                    (  ⑤  )
ENDFOR
?"1 ～ 30 之间能被 3 整除的奇数阶乘和为:"+(  ③  )
SET TALK ON
RETURN
```

13. 下面程序从键盘输入 10 个数,然后找出其中的最大值与最小值,最大值存放在变量 MAX 中,最小值存放在变量 MIN 中。请完善程序。

```
SET TALK OFF
INPUT TO X
MAX=X
MIN=X
I=1
DO WHILE(  ①  )
INPUT TO X
IF(  ②  )
MAX=X
ENDIF
IF(  ③  )
MIN=X
 ENDIF
I=I+1
ENDDO
?MAX, MIN
SET TALK ON
RETURN
```

14. 完善以下程序,使它成为对任意一个表都可以追加、删除记录的通用程序。

```
SET TALK OFF
ACCEPT "请输入文件名: " TO NAME
USE(  ①  )
```

```
?"1.追加记录"
?"2.删除记录"
WAIT "请选择(1-2)： " TO M
IF(  ②  )
APPEND BLANK
EDIT
ELSE
INPUT "输入要删除的记录号： "TO N
(  ③  )
DELETE
PACK
ENDIF
USE
SET TALK ON
RETURN
```

15. 设有表文件"职工.DBF"(有字段：职工编号、姓名、民族)和"工资.DBF"(有字段：职工编号、工资)，要在它们之间建立逻辑连接，然后为每个少数民族职工的工资增加200元，最后显示全体职工的职工编号、姓名和工资，请对如下程序填空。

```
SET TALK OFF
SELECT 1
USE 职工
(  ①  ) TO ZGBH
SELECT 2
USE 工资
SET RELATION TO(  ②  )
REPLACE 工资 WITH(  ③  ) FOR(  ④  )
LIST 职工编号,(  ⑤  ),工资
SET RELATION TO
CLOSE DATA
SET TALK ON
RETURN
```

16. 通过下列主程序 MAIN.PRG 和子程序 SUD.PRG,求解 W=X!+Y!+Z!,请填空。

```
** MAIN.PRG            ** SUB.PRG
INPUT'X=' TO x        (  ③  )
INPUT'Y=' TO y        (  ④  )
INPUT'Z=' TO z        DO WHILE i<=n
n=X                   t=t * i
DO SUB                (  ⑤  )
(  ①  )               ENDDO
n=y                   RETURN
DO SUB
(  ②  )
n=Z
DO SUB
?'w=',a+b+t
RETURN
```

17. 以下程序是用内存变量 sjkm、zdm、cxnr 分别存放表名、字段名、查询内容,然后利用 AT()函数对用户所指定表的指定字段(设该字段为 C 型字段)实现模糊查询,并在找到查询内容时显示该内容所在的记录号及所在字段的内容。

```
SET TALK OFF
CLEAR
STORE SPACE(10) TO sjkm,zdm
cxnr＝SPACE(30)
@6,8 SAY'请输入被查询的表名:( ① )
@7,8 SAY'请输入被查询的字段名:( ② )
@8,8 SAY'请输入查询内容:( ③ )
( ④ )
sjkm＝TRIM(sjkm)
zdm＝TRIM(zdm)
cxnr＝TRIM(cxnr)
USE( ⑤ )
DO WHILE !EOF()
position＝AT( ⑥ )
IF( ⑦ )
DISPLAY RECNO(),( ⑧ )
WAIT'继续查询吗 ?(Y/N)'TO yn
IF UPPER(yn)＝'N'
( ⑨ )
ENDIF
ENDIF
( ⑩ )
ENDDO
CLOSE DATABASE
SET TALK ON
RETURN
```

18. 设有"课程表.DBF"的内容如下:

Record#	编号	课程名称	任课教师	性别	学时数	类别
1	0001	计算机基础	李小军	男	30	必修
2	0003	数据库技术	刘燕玲	女	46	必修
3	0005	离散数学	周兰兰	女	36	必修

下面的程序是利用 GATHER 命令来修改该表中的第二条记录,将课程名称改成"程序设计",任课教师改成"陈小华",类别改成"选修",其他字段内容不变。请将程序补充完整。

```
USE 课程表
OIMENSION( ① )
K(1)＝"程序设计"
K(2)＝"陈小华"
K(3)＝"选修"
( ② )
GATHER( ③ )
CLOSE DATABASE
RETURN
```

19. 以下程序先输入 10 个学生的学号及其成绩,然后按成绩从大到小的顺序进行排序,最后按排序结果输出每个学生的名次、学号及其成绩。请将该程序补充完整。

```
SET TALK OFF
(  ①  )
FOR I=1 TO 10
INPUT "学号" TO N(I)
INPUT "成绩" TO L(I)
NEXT I
FOR I=1 TO 9
FOR(  ②  )TO 10
IF L(I)<L(J)
B=L(I)
L(I)=L(J)
L(J)=B
(  ③  )
(  ④  )
(  ⑤  )
ENDIF
NEXT J
NEXT I
? "名次","学号","成绩"
FOR I=1 TO 10
(  ⑥  )
NEXT I
SET TALK ON
RETURN
```

20. 以下是一个评分统计程序。共有 10 个评委打分,统计时,去掉一个最高分和一个最低分,其余 8 个分数的平均值即为最后得分。程序最后应显示这个得分及最高分和最低分,显示精度为 1 位整数,2 位小数。程序如下,将程序补充完整。

```
SET TALK OFF
(  ①  )
?"输入 10 个评委的打分:
FOR I=1 TO 10
  INPUT TO X(I)
ENDFOR
(  ②  )
FOR I=2 TO 10
IF MAX<X(I)
  MAX=X(I)
ELSE
IF(  ③  )
   MIN=X(I)
ENDIF
ENDIF
S=S+X(I)
ENDFOR
AVG=(  ④  )
```

?"平均分为：",(⑤)
?"最高分为：",(⑥)
?"最低分为：",(⑦)
SET TALK ON
RETURN

四、程序设计题

1. 试编写程序 PROG. PRG：从键盘输入 10 个数，求最大的一个数。

2. 试用主、子程序调用的方法，编写一个求 100 之内所有素数的程序。

3. 编写一个用户自定义函数 SGN()，当自变量为正数时，返回 1；当自变量为负数时，返回 -1；当自变量为零时，返回 0。

4. 假定表 ABC. DBF 有 3 个字段 10 条记录，试将 A. DBF 表中的第四条记录和第六条记录的内容互换。

5. 从键盘上输入三个数据，请输出其最大值和最小值。

6. 从键盘上输入三个数据，要求按照从大到小的顺序输出。

7. 设作者表 ZZ. DBF 有字段：书号、书名、作者名、出版日期；单价表. dbf 有字段：书号、单价、数量、出版社。编写程序 PROG. PRG：先建立两表之间的关联，然后根据键盘输入的作者姓名列出该作者出版的所有书名、出版日期、单价、数量。如果表中没有此作者的书，则显示"表中没有 XX 作者的书"（其中 XX 应显示为输入的作者名）。

8. 设有学生考试表 KS. DBF 和学生结业表 JY. DBF 两个文件，这两个表的结构相同，为了颁发结业证书并备案，试编写程序 PROG. PRG：把考试表 KS. DBF 中笔试成绩和上机成绩均及格记录的"结业否"字段修改为逻辑真，并将可以结业的记录追加到结业表 JY. DBF 中。

9. 假设 FILE 1. DBF 和 FILE 2. DBF 两个表的结构基本相同，都有 5 个字段但字段名称分别为：

FILE 1. DBF：BH、XM、XB、NL、ZW；
FILE 2. DBF：编号、姓名、性别、年龄、职务.

试编写程序 PROG. PRG：要求将 FILE1. DBF 中的所有记录追加到 FILE2. DBF 中。

10. 试编写程序 PROG. PRG：将下面学生成绩表中每个学生的姓名及其各课成绩输入到计算机，并在计算完成每个学生的总分后再将此表输出。

姓名	数学	外语	计算机	总分
张三	67	90	76	
李四	58	62	68	
王五	88	77	92	
赵六	75	89	86	

五、参考答案

选择题

1. B　2. D　3. C　4. C　5. C　6. C　7. C　8. C　9. A　10. A　11. B　12. C
13. B　14. C　15. B　16. B　17. A　18. A　19. D　20. C　21. B　22. A
23. A　24. C　25. A　26. D　27. A　28. A　29. D　30. D

阅读程序题

1. S＝78 2. S＝42

3. 1 2

   2 3 4

   3 4 5 6

4. 30 10 10

   30 10 10

   30 5

   找不到变量'N'

5. 10 1 2 3 105

6. 过程中：a,b,c,d＝ 2 6 4 2

   返回主程序：a,b,c,d＝ 2 6 3

   找不到变量'D'

7. 88 99

   88 7

8. 28.0000 9.0000 5

9. 122.00

   33

10. 8＋ 3.5＝ 11.5

    5＋ 10＝ 15

11. 同学们你们好！

    600

    同学们 200 300

12. a1,b1,c1＝21 6 7

    x,y,z＝27 7 10

    a2,b2,c2＝21 6 32

13. y＝100

    a＝ 5 b＝ 100

14. 过程中：a,b,c,d＝ 6 6 7 8

    返回主程序：a,b,c,d＝ 6 6 10

    找不到变量'D'

15. 50   10

    5   25

    10   10

16. 111

17. X1＝2 X2＝6

    X1＝4 X2＝4

18. 4 5 .F.

    .F. .F. 7

19. 1　　6　　11　　16　　21　　26　　31　　36　　41　　46　　51　　56

20. 1　2　.F.

　　4.P.　2.F.

程序填空题

1. ①.NOT.EOF()　②SKIP

2. 姓名＝XM

3. LOOP

4. (编号,8)＝1

5. &NUM

6. ①<>0　②J＝J+1　③STR(N)

7. "STD&m"

8. ①!EOF()　②SKIP

9. A:\&NH.B&DBN

10. ①SET RELATION TO,总编号 INTO B ADDI
　　②借书证号,A.姓名,A.单位,B.书名,B.单价,借阅日期

11. ①!EOF()　②zhcj>=90　③zhcj=75　④zhcj>=60　⑤dj="不及格"
　　⑥WITH　⑦SKIP

12. ①MOD(I,3)=0　②DO P1 WITH I　③STR(S)　④PUBLIC N　⑤RETURN

13. ①I<=10　②X>MAX　③X<MIN

14. ①&NAME　②M="1"　③GO N

15. ①INDEX ON 职工编号　②职工编号 INTO A　③工资+200
　　④A.民族<>"汉"　⑤A.姓名

16. ①a=t　②b=t　③PUBLIC t　④STORE 1 TO t,i　⑤i=i+1

17. ①GET sjkm　②GET zdm　③GET cxnr　④READ　⑤&sjkm
　　⑥(cxnr,&zdm)　⑦posion<>0　⑧&zdm　⑨EXIT　⑩SKIP

18. ①K(3)　②GO 2　③FROM K

19. ①DIME N(10),L(10)　②J＝I+1　③C=N(I)　④N(I)=N(J)　⑤N(J)=C
　　⑥?(I),L(I)

20. ①DIME X(10)　②STORE X(1) TO MAX,MIN,S　③MIN>X(I)
　　④(S−MAX−MIN)/8　⑤STR(AVG,4,2)　⑥STR(MAX,4,2)
　　⑦STR(MIN,4)

程序设计题

1.
```
** PROG.PRG
SET TALK OFF
INPUT "请输入第 1 个数: " TO X
FOR I=1 TO 9
INPUT "请输入第"+STR(I+1,2)+"个数: "TO Y
IF Y>X
X=Y
ENDIF
ENDFOR
```

```
?X
SET TALK ON
RETURN
```

2. ** 主程序 MAIN.PRG

```
SET TALK OFF
FOR M=3 TO 100 STEP 2
N=INT(SQRT(M))
DO SUB
ENDFOR
SET TALK ON
RETURN
** 子程序 SUB.PRG
FOR I=3 TO N STEP 2
IF MOD(M,I)=0
RETURN
ENDIF
ENDFOR
??M
RETURN
```

3. ** SGN.PRG

```
FUNCTION SGN
PARAMETERS x
DO CASE
CASE x>0
y=1
CASE x=0
y=0
OTHERWISE
y=-1
ENDCASE
RETURN y
```

4. ** ABC.PRG

```
SET TALK OFF
DIMENSION A1(3),A2(3)
USE ABC
GO 4
SCATTER TO A1
SKIP 2
SCATTER TO A2
GATHER FROM A1
SKIP -2
GATHER FROM A2
USE
SET TALK ON
RETURN
```

5. ** ZD.PRG

```
SET TALK OFF
CLEAR
```

```
    INPUT "请输入第一个数据" TO A
    INPUT "请输入第二个数据" TO B
    INPUT "请输入第三个数据" TO C
    ?"最大的数据为：", MAX(A, B, C)
    ?"最小的数据为：", MIN(A, B, C)
    SET TALK ON
    RETURN

6.  ** PROG. PRG
    SET TALK OFF
    CLEAR
    INPUT "请输入第一个数据" TO A
    INPUT "请输入第二个数据" TO B
    INPUT "请输入第三个数据" TO C
    MA＝MAX(A, B, C)
    MB＝MIN(A, B, C)
    DO CASE
       CASE MA＞A AND A＜MB
          MD＝A
       CASE MA＞B AND B＜MB
          MD＝B
       CASE MA＞C AND C＜MB
          MD＝C
    ENDCASE
    ?"所输入的三个数据从大到小的顺序为：", MA, MD, MB
    SET TALK ON
    RETURN

7.  ** PROG. PRG
    SET TALK OFF
    SELECT 1
    USE ZZ
    SELECT 2
    USE DJ
    INDEX ON 书号 TO SHSY
    SELECT ZZ
    SET RELATIONTO 书号 INTO DJ
    ACCEPT'请输入作者姓名：' TO name
    name＝TRIM(name)
    S＝.F.
    SCAN
    IF 作者名＝name
    S＝.T.
    DISPLAY 书名,出版日期,dj.单价,dj.数量
    ENDIF
    ENDSCAN
    IF !s
    ?"表中没有"＋name＋"作者的书"
    ENDIF
    CLOSE DATA
    SET TALK ON
```

```
    RETURN

8.  ** PROG.PRG
    SET TALK OFF
    USE KS
    REPLACE ALL 结业否 WITH.T.FOR 笔试成绩>=60.AND.上机成绩>=60
    USE JY
    APPEND FROM KS FOR 结业否
    LIST
    USE
    SET TALK ON
    RETURN

9.  ** PROG.PRG
    SET TALK OFF
    SELECT B
    USE FILE2
    SELECT A
    USE FILE1
    DO WHIlE !EOF()
     SCATTER TO R_ARRAY
     SELECT B
     APPEND BLANK
     GATHER FROM R_ARRAY
     SELECT A
     SKIP
    ENDDO
    CLOSE DATABASES
    SET TALK ON
    RETURN

10.  ** PROG.PRG
     SET TALK OFF
     DIMENSION A(4,5)
     FOR I=1 TO 4
     ACCEPT "请输入第"+STR(I,1)+"个学生的姓名: "TO A(I,1)
      FOR J=2 TO 4
      INPUT "请输入成绩: "TO A(I,J)        && 内层循环分别输入姓名及 3 个成绩
      NEXT J
     NEXT I
     FOR I=1 TO 4
     A(1,5)=0
     FOR J=2 TO 4
     A(1,5)=A(I,5)+A(I,J)                 && 累加以求得各人的总分
     NEXT J
     NEXT I
     ?"姓名 数学 外语 计算机 总分"
     FOR I=1 TO 4
     ?A(I,1)                             && 输出姓名
     FOR J=2 TO 5
     ??STR(A(I,J),10)                    && 输出各成绩,并保持一定的距离
     NEXT J
     NEXT I
```

```
SET TALK ON
RETURN
```

4.10 面向对象程序设计基础

一、选择题

1. 以下关于 Visual FoxPro 类的说法,不正确的是(　　)。

A. 类具有继承性和封装性

B. 用户必须给基类定义属性,否则出错

C. 子类一定具有父类的全部属性

D. 用户可以按照已有的类派生出多个子类

2. 下面是关于"类"的描述,错误的是(　　)。

A. 一个类包含了相似的有关对象的特征和行为方法

B. 类只是实例对象的抽象

C. 类可以按所定义的属性、事件和方法进行实际的行为操作

D. 类并不进行任何行为操作,它仅仅表明该怎样做

3. 类是一组具有相同属性和相同操作的对象的集合,类之间共享属性和操作的机制称为(　　)。

A. 多态性　　　　　B. 动态绑定　　　　　C. 静态绑定　　　　　D. 继承

4. 命令按钮组是(　　)。

A. 控件　　　　　B. 容器　　　　　C. 控件类对象　　　　　D. 容器类对象

5. 下列关于面向对象程序设计(OOP)的叙述,错误的是(　　)。

A. OOP 的中心工作是程序代码的编写

B. OOP 以对象及其数据结构为中心展开工作

C. OOP 以"方法"表现处理事物的过程

D. OOP 以"对象"表示各种事物,以"类"表示对象的抽象

6. 下列基类中是容器类的是(　　)。

A. 表单　　　　　B. 命令按钮　　　　　C. 列表框　　　　　D. 单选按钮

7. 在 Visual FoxPro 系统中,以下关于事件的叙述错误的是(　　)。

A. 事件是每个对象可以识别和响应的某些行为和动作

B. 事件不能适用于多种控件

C. 事件是通过用户的操作行为引发的

D. 当事件发生时,将执行包含在事件过程中的全部代码

8. 下面关于属性、方法和事件的叙述中,错误的是(　　)。

A. 属性用于描述对象的状态,方法用于表示对象的行为

B. 基于同一个类产生的两个对象可以分别设置自己的属性值

C. 在新建一个表单时,可以添加新的属性、方法和事件

D. 事件代码也可以像方法一样被显示调用

9. 任何对象都有自己的属性,下列关于属性的叙述中,正确的是(　　)。

A. 属性是对象所具有的固有特征,通常用各种类型的数据来表示

B. 属性是对象所具有的内部特征,通常用各种类型的数据来表示

C. 属性是对象所具有的外部特征,通常用各种类型的数据来表示

D. 属性是对象所具有的固有方法,通常用各种程序代码来表示

10. 下列说法中错误的是( )。

A. 对象的层次概念和类的层次概念完全不同,对象的层次指的是包容和被包容的关系,类的层次指的是继承和被继承的关系

B. 表单集控件能够包含的对象有表单、工具栏以及页

C. 表格容器中只能包含页

D. 表单和 Container 对象容器都可以包含任意控件

11. 下列关于"事件"的叙述中,错误的是( )。

A. Visual FoxPro 中基类的事件可以由用户创建

B. Visual FoxPro 中基类的事件是由系统预先定义好的,不可由用户创建

C. 事件是一种事先定义好的特定的动作,由用户或系统激活

D. 鼠标的单击、双击、移动和键盘上的按键均可激活某个事件

12. 下列关于编写事件代码的叙述中,错误的是( )。

A. 可以由定义了该事件过程的类中继承

B. 为对象的某个事件编写代码,就是将代码写入该对象的这个事件过程中

C. 为对象的某个事件编写代码,就是编写一个与事件同名的.PRG 程序文件

D. 为对象的某个事件编写代码,可以在该对象的属性对话框中选择该对象的事件,然后在出现的事件窗口中输入相应的事件代码

13. 用 DEFINE CLASS 命令定义一个 MyForm 类时,若要为该类添加一个按钮对象,应当使用的基本代码是( )。

A. Add Object("Command1","commandbutton")

B. MyForm. AddObject("Command1","commandbutton")

C. Add Object Command1 AS commandbutton

D. Add Object MyForm. Command1 AS commandbutton

14. 下列说法中错误的是( )。

A. 每个对象都有一定的状态和自己的行为

B. 类是对一类相似对象的性质描述,这些对象具有系统的性质,基于类可以生成该类对象中的任何一个对象

C. 在同一个类上定义的对象采用相同的属性来表示状态,所以在属性上的取值也必须相同

D. 方法定义在类中,但是定义类的主体是对象

15. 控件有自己的属性、方法和( )。

A. 图形   B. 事件   C. 容器   D. 形状

16. 在 Visual FoxPro 6.0 常用的基类中,运行时不可视的是( )。

A. 命令按钮组   B. 形状   C. 线条   D. 计时器

17. 下列基类中不属于容器类的是( )。

A. 表单　　　　　　B. 组合框　　　　　　C. 表格　　　　　D. 命令按钮组

18. 在 Visual FoxPro 6.0 中,封装是借助于(　　)达到的。

A. 结构　　　　　　B. 函数　　　　　　C. 数组　　　　　D. 类

19. 类通常可以分为两类,即(　　)。

A. 容器类和可视类　　　　　　　　　　B. 单控件类和窗体类

C. 可视类和不可视类　　　　　　　　　D. 工具栏类和窗体类

20. 命令按钮是(　　)。

A. 控件　　　　　　B. 容器　　　　　　C. 控件类对象　　　D. 容器类对象

21. 下列四组基类中,同一组中各个基类全是容器型的是(　　)。

A. Grid,Column,Textbox

B. CommandButton,OptionGroup,ListBox

C. CommandGroup,DataEnvironment,Header

D. Form,PageFrame,Column

22. 在下面关于面向对象数据库的叙述中,错误的是(　　)。

A. 每个对象在系统中都有唯一的对象标识

B. 事件作用于对象,对象识别事件并做出相应反应

C. 一个子类能够继承其所有父类的属性和方法

D. 一个父类包括其所有子类的属性和方法

23. 以下特点中不属于面向对象程序设计的特点的是(　　)。

A. 单一性　　　　　B. 继承性　　　　　C. 封装性　　　　　D. 多态性

24. 下列关于对象的说法中,正确的是(　　)。

A. 对象只能表示结构化的数据

B. 对象一定有一个对象标识符

C. 对象可以属于一个对象类,也可不属于任何对象类

D. 对象标识符在对象的整个生命周期中可以改变

25. 创建对象后,还必须为对象设置属性,下列说法中正确的是(　　)。

A. 只能设置单个对象的属性

B. 设置多个属性时只能在属性窗口中进行

C. 可使用 WITH…ENDWITH 语句设置多个属性

D. 对象的属性设置只能在窗口中进行

26. 下列说法中错误的是(　　)。

A. 事件既可以由系统引发,也可以由用户激发

B. 事件集合不能由用户创建,是唯一的

C. 事件代码既能在事件引发时执行,也能够像方法一样被显示调用

D. 在容器对象的嵌套层次里,事件的处理遵循独立性原则,即每个对象识别并处理属于自己的事件

27. 下列说法中正确的是(　　)。

A. 对象的引用只有一种相对引用

B. 既可以在设计时设置属性,也可以在运行时设置属性

C. 设置对象属性的语法是：Object. Property＝Value

D. 调用方法程序的语法是：Object Method

28. 在面向对象方法中,对象可看成是属性(数据)以及这些属性上的专用操作的封装体。封装是一种(　　)技术。

　　A. 组装　　　　　　B. 产品化　　　　　　C. 固体　　　　　　D. 信息隐蔽

29. 在面向对象方法中,对象可看成是属性(数据)以及这些属性上的专用操作的封装体。封装的目的是使对象的(　　)分离。

　　A. 定义和实现　　　B. 设计和实现　　　C. 设计和测试　　　D. 分析和定义

30. (　　)使得一个对象可以像一个部件一样用在各种程序中,同时也切断了不同模块之间数据的非法使用,减少了出错的可能。

　　A. 封装　　　　　　B. 继承　　　　　　C. 多态　　　　　　D. 统一

二、填空题

1. 类是一组具有相同属性和相同操作的对象的集合,类中的每个对象都是这个类的一个(　①　);类之间共享属性和操作的机制称为(　②　);一个对象通过发送(　③　)来请求另一个对象为其服务。

2. "类"是面向对象程序设计的重要内容,Visual FoxPro 提供了一系列(　　)来支持用户派生出新类。

3. Visual FoxPro 基类有两种,即：(　①　)和(　②　)。

4. Visual FoxPro 提供了一批基类,用户可以在这些基类的基础上定义自己的类和子类,从而利用类的(　　)性,减少编程的工作量。

5. 类是对象的集合,它包含了相似的有关对象的特征和行为方法,而(　　)则是类的实例。

6. 在 OOP 中,(　　)是将数据和处理数据的操作放在一起。对于一个对象来说,就是将该对象的属性和方法放到单独的一段源代码中。

7. 在 Visual FoxPro 中,在创建对象时发生的事件是(　①　);从内存中释放对象时发生的事件是(　②　);用户使用鼠标双击对象时发生的事件是(　③　)。

8. 写出五种常用的容器类(　①　)、(　②　)、(　③　)、(　④　)、(　⑤　)。

9. 面向对象技术中首要和最重要的概念是(　　),它是面向对象技术的核心。

10. 对象是一种抽象的名称,在应用领域中有意义的、与所要解决问题有关的任何事物都可以称做(　　)。

11. 一组具有相同数据和相似操作的对象的集合称为(　　)。

12. 一个类的所有对象都有(　①　)的数据结构,并且(　②　)的实现操作的代码,而各个对象有着(　③　)的状态。

13. 对象中的数据称为(　　)。

14. Visual FoxPro 系统中用(　①　)描述对象的状态,用(　②　)来描述对象的行为。

15. 要对一个对象的多个属性进行设置,可以用(　　)结构进行设置。

16. (　　)是一种预先定义好的特定动作,由用户或系统激活,在某个特定的时刻发生,它是对对象状态转换的抽象。

17. 事件集用户(　　)进行修改或添加。

18. ( )是描述对象行为的过程,是对当某个对象接收了某个消息后所采取的一系列操作的描述。

19. 继承表达了一种从一般到特殊的进化过程。在面向对象的方法里,继承是指基于现有的类创建新类时,新类继承现有类里的(①)和(②)。

20. 如果要改变子表里面的某一个属性,可以在子表或者在( )修改。

三、参考答案

选择题

1. B 2. C 3. D 4. D 5. A 6. A 7. B 8. D 9. A 10. B 11. A 12. C
13. C 14. C 15. B 16. D 17. B 18. D 19. C 20. C 21. A 22. D 23. A
24. B 25. C 26. D 27. B 28. D 29. A 30. A

填空题

1. ①实例 ②继承 ③消息 2. 基类 3. ①控件类 ②容器类

4. 继承 5. 对象 6. 封装

7. ①Init ②Destroy ③Dblclick

8. ①表单 ②表格 ③命令按钮组 ④页框 ⑤选项按钮组

9. 对象 10. 对象 11. 类

12. ①相同 ②共享相同 ③不同

13. 属性 14. ①属性 ②方法 15. WITH…ENDWITH

16. 事件 17. 不能 18. 方法

19. ①方法 ②属性 20. 父表

4.11 表单设计与应用

一、选择题

1. 在 Visual FoxPro 系统中,选择列表框或组合框中的选项,双击鼠标左键,此时触发( )事件。

A. Click   B. DblClick   C. Init   D. KeyPress

2. "表单控件"工具栏用于在表单中添加( )。

A. 文本   B. 命令   C. 控件   D. 复选框

3. 使用( )工具栏可以在表单上对齐和调整控件的位置。

A. 调色板   B. 布局   C. 表单控件   D. 表单设计器

4. 表单文件的扩展名中( )为表单信息的数据库表文件。

A. .SCX   B. .SCT   C. .FRX   D. .DBT

5. 以下关于表单控件基本操作的叙述,错误的是( )。

A. 要在表单中复制某个控件,可以按住 Ctrl 并拖放该控件

B. 要使表单中被选定的多个控件大小一样,可单击"布局"工具栏中的"相同大小"按钮

C. 要将某个控件的 Tab 序号设置为1,可在进入 Tab 键次序交互设置状态后,双击控件的 Tab 键次序盒

D. 要在"表单控件"工具栏中显示某个类库文件中的自定义类,可以单击工具栏中的

"查看类"按钮,然后在弹出的"菜单"中选择"添加"选项

6. 在表单 MyForm 控件的事件或方法代码中,改变该表单背景属性为绿色,正确的命令是(　　)。

A. MyForm. BackColor＝RGB(0,255,0)

B. This. Parent. BackColor＝RGB(0,255,0)

C. ThisForm. BackColor＝RGB(0,255,0)

D. This. BackColor＝RGB(0,255,0)

7. 将"复选框"控件的 Value 属性设置为(　　)时,复选框显示为灰色。

A. 0　　　　　　　　B. 1　　　　　　　　C. 2　　　　　　　　D. 3

8. 控件可以分为容器类和控件类,以下(　　)属于容器类控件。

A. 标签　　　　　　B. 命令按钮　　　　C. 复选框　　　　　D. 命令按钮组

9. 以下(　　)不是表单功能。

A. 添加各种控件　　　　　　　　　　B. 设置控件属性

C. 制作表格式　　　　　　　　　　　D. 设定关联数据

10. 在"表单控件"工具栏可以创建一个(　　)控件来保存单行文本。

A. 命令按钮　　　　B. 文本框　　　　　C. 标签　　　　　　D. 编辑框

11. 以下关于文本框和编辑框的叙述中,错误的是(　　)。

A. 在文本框和编辑框中都可以输入和编辑各种类型的数据

B. 在文本框中可以输入和编辑字符型、数值型、日期型和逻辑型数据

C. 在编辑框中只能输入和编辑字符型数据

D. 在编辑框中可以进行文本的选定、剪切、复制和粘贴等操作

12. 用 CREATE SCREEN TEST 命令进入"表单设计器"窗口,存盘后将会在磁盘上出现(　　)。

A. TEST. SPR 和 TEST. SCT　　　　　B. TEST. SCX 和 TEST. SCT

C. TEST. SPX 和 TEST. MPR　　　　　D. TEST. SCX 和 TEST. SPR

13. 下列关于调用表单生成器的说法中最确切的是(　　)。

A. 选择"表单"菜单中的"快速表单"命令

B. 单击"表单设计器"工具栏中的"表单生成器"按钮

C. 右键单击表单窗口,然后在弹出的快捷菜单中选择"生成器"命令

D. 以上说法皆正确

14. 要使"属性"窗口在表单设计器窗口中显示出来,下列操作方法中不能实现的是(　　)。

A. 单击"显示"菜单中的"属性"命令

B. 单击"编辑"菜单中的"编辑属性"命令

C. 单击"表单设计器"工具栏中的"属性窗口"按钮

D. 右键单击表单设计器窗口中的某一个对象,再在弹出的快捷菜单中选中"属性"选项

15. 表单的 Name 属性是(　　)。

A. 显示在表单标题栏中的名称　　　　B. 运行表单程序时的程序名

C. 保存表单时的文件名　　　　　　　D. 引用表单时的名称

16. 在运行某个表单时,下列有关表单事件引发次序的叙述,正确的是(   )。

A. 先 Activate 事件,然后 Init 事件,最后 Load 事件

B. 先 Activate 事件,然后 Load 事件,最后 Init 事件

C. 先 Init 事件,然后 Activate 事件,最后 Load 事件

D. 先 Load 事件,然后 Init 事件,最后 Activate 事件

17. 设计表单时,可以利用(   )向表单中添加控件。

A. 表单设计器工具栏   B. 布局工具栏

C. 调色板工具栏   D. 表单控件工具栏

18. 如果需要在 Myform＝CreateObject("Form")所创建的表单对象 Myform 中添加 command1 按钮对象,应当使用命令(   )。

A. Add Object Command1 AS commandbutton

B. Myform,Addobject("command1","commandbutton")

C. Myform. Addobject("commandbutton","command1")

D. command1＝Addobject("command1","commandbutton")

19. 以下属于非容器类控件的是(   )。

A. Form   B. Label   C. Page   D. Container

20. 在 Visual FoxPro 中,表单(Form)是指(   )。

A. 数据库中各个表的清单   B. 一个表中各个记录的清单

C. 数据库查询的列表   D. 窗口界面

21. 标签标题文本最多可包含的字符数是(   )。

A. 64   B. 128   C. 256   D. 1024

22. 如果需要重新绘制表单或控件,并刷新它的所有值,引发的是(   )事件或方法。

A. Click 事件   B. Release 方法   C. Refresh 方法   D. Show 方法

23. 以下属于容器类控件的是(   )。

A. Text   B. Form

C. Label   D. CommandButton

24. 在 Visual FoxPro 中,标签的缺省名字为(   )。

A. Label   B. List   C. Edit   D. Text

25. 假设在 Form1 有两个按钮:Command1 和 Command2,当前 Command1 的 Default 属性值为. T. ,若设置 Command2 的 Default 属性值为. T. ,则(   )。

A. Command1 为"确认"按钮

B. Command2 为"确认"按钮

C. Command1 和 Command2 都为"确认"按钮

D. Command1 和 Command2 都不为"确认"按钮

26. 确定列表框内的某个条目是否被选定应使用的属性是(   )。

A. Value   B. ColumnCount   C. ListCount   D. Selected

27. 设计组合框时,通过设置(   )属性,可以用不同数据源中的项填充组合框。

A. RowSource   B. RowSourceType

C. Style   D. ColumnCount

28. 下列关于 Visible 属性的说法中不正确的是( )。

A. Visible 属性指定对象是可见还是隐藏

B. Visible 属性值为.T.时对象有效

C. 一个对象被隐藏后,在代码中将无法访问它

D. 当一个表单的 Visible 属性由.F.设置成.T.时,表单将成为可见的,但并不成为活动的

29. 在使用计时器时,若想让计时器在表单加载时就开始工作,应该设置 Enabled 属性为( )。

A. .F.   B. .T.   C. .Y.   D. .YES.

30. 命令按钮组中有 3 个按钮 Command1、Command2、Command3,在执行了如下的代码后:

ThisForm.CommandGroup1.Value＝2

则( )。

A. Command1 按钮被选中

B. Command2 按钮被选中

C. Command3 按钮被选中

D. Command1、Command2 按钮被选中

31. 要想使在文本框中输入数据时屏幕上显示的是"＊"号,则该设置的属性是( )。

A. Alignment   B. Enabled   C. MaxLength   D. PasswordChar

32. 下面关于列表框和组合框的陈述中,正确的是( )。

A. 列表框和组合框都可以设置成多重选择

B. 列表框可以设置成多重选择,而组合框不能

C. 组合框可以设置成多重选择,而列表框不能

D. 列表框和组合框都不能设置成多重选择

33. 在表单中加入一个复选框和一个文本框,编写 Check1 的 Click 事件代码如下:

ThisForm.Text1.Visible＝This.Value

则当单击复选框后,( )。

A. 文本框可见

B. 文本框不可见

C. 文本框是否可见由复选框的当前值决定

D. 文本框是否可见与复选框的当前值无关

34. 假定一个表单里有一个文本框 Text1 和一个命令按钮组 CommandGroup1,命令按钮组是一个容器对象,其中包含 Command1 和 Command2 两个命令按钮,如果要在 Command1 命令按钮的某个方法中访问文本框的 Value 属性值,下面的式子正确的是( )。

A. This.ThisForm.Text1.Value   B. This.Parent.Parent.Text1.Value

C. Parent.Parent.Text1.Value   D. This.Parent.Text1.Value

35. 在表格编辑状态,可视地调整列宽的方法是( )。

A. 将鼠标指针置于两表格列的标头之间,立刻拖动鼠标,调整列至所需要的宽度

B. 将鼠标指针置于两表格列的标头之间,鼠标指针变成水平双箭头的形状,单击鼠标

右键,在弹出的快捷菜单中选择"调整列宽"命令

C. 将鼠标指针置于两表格列的标头之间,鼠标指针变成水平双箭头的形状,拖动鼠标,调整列至所需要的宽度

D. 将鼠标指针置于两表格列的标头之间,单击鼠标右键,在弹出的快捷菜单中选择"调整列宽"命令

36. 在创建表单时,用(　　)控件创建的对象用于保存不希望用户改动的文本。

A. 标签　　　　　　B. 文件框　　　　　　C. 编辑框　　　　　　D. 组合框

37. 向页框中添加对象,应该(　　)。

A. 用鼠标单击"控件",直接在表单中单击

B. 用鼠标单击"控件",再单击鼠标右键

C. 用鼠标双击"控件"

D. 用鼠标右击页框,在弹出的快捷菜单中选择"编辑",再向页框中添加对象

38. 计时器控件的主要属性是(　　)。

A. Enabled　　　　　B. Caption　　　　　C. Interval　　　　　D. Value

39. 在 Visual FoxPro 中,运行表单 T1. SCX 的命令是(　　)。

A. DO T1　　　　　　　　　　　　B. RUN FORM T1

C. DO FORM T1　　　　　　　　　D. DO FROM T1

40. 在表单设计器环境下,打开"数据环境设计器"窗口的方法有很多,以下的方法中错误的是(　　)。

A. 单击"表单设计器"工具栏上的"数据环境"按钮

B. 选择"显示"菜单中的"数据环境"命令

C. 在"表单设计器"的工作窗口中单击鼠标右键,在弹出的快捷菜单中选择"数据环境"命令

D. 选择"文件"菜单中的"打开"命令,在弹出的对话框中选择"数据环境"单选项

41. 在 Visual FoxPro 中,为了将表单从内存中释放(清除),可将表单中退出命令按钮的 Click 事件代码设置为(　　)。

A. ThisForm. Refresh　　　　　　　B. ThisForm. Delete

C. ThisForm. Hide　　　　　　　　　D. ThisForm. Release

42. 不可以作为文本框控件数据来源的是(　　)。

A. 备注型字段　　　　B. 内存变量　　　　C. 字符型字段　　　　D. 数值型字段

43. 下列关于数据环境的说法中错误的是(　　)。

A. 如果添加到数据环境中的表之间具有在数据库中设置的永久关系,这些关系也会自动添加到数据环境中

B. 如果表之间没有永久关系,也不可以在数据环境设计器中为这些表设置关系

C. 编辑关系主要通过设置关系的属性来完成,要设置关系属性,可以先单击表示关系的连线选定关系,然后在属性窗口中选择关系属性来设置

D. 通常情况下,数据环境中的表或视图会随着表单的打开或运行而打开,并随着表单的关闭或释放而关闭

44. 在表单中加入两个命令按钮 Command1 和 Command2,编写 Command1 的 Click

事件代码如下：

ThisForm. Parent. Command2. Enabled＝.F.

则当单击 Command1 后,(　　　)。

    A. Command1 命令按钮不能激活

    B. Command2 命令按钮不能激活

    C. 事件代码无法执行

    D. 命令按钮组中的第二个命令按钮不能激活

45. 若某表单中有一个文本框 Text1 和一个命令按钮组 CommandGroup1,其中,命令按钮组包含了 Command1 和 Command2 两个命令按钮。如果要在命令按钮 Command1 的某个方法中访问文本框 Text1 的 Value. 属性值,下列式子中正确的是(　　　)。

    A. This. ThisForm. . Text1. Value   B. This. Parent. Text1. Value

    C. Parent. Parent. Text1. Value   D. This. Parent. Parent. Text1. Value

46. 在表单设计器环境中,要选定某选项组中的某个选项按钮,例如要选定某命令按钮组中的某个命令按钮,正确的操作是(　　　)。

    A. 双击要选择的选项按钮

    B. 先单击该选项组,然后单击要选择的选项按钮

    C. 右击选项组并选择"编辑"命令,再单击要选择的选项按钮

    D. 以上 B 和 C 都可以

二、填空题

1. 在程序中为了显示已创建的 Myform 表单对象,应使用(　　　)。

2. 在"属性窗口"中,有些属性的默认值在列表框中以斜体显示,其含义是(　　　)。

3. 利用(　　　)可以接收、查看和编辑数据,方便地完成数据管理工作。

4. 在 Visual FoxPro 提供了两种表单向导。创建基于一个表的表单时可选择(　①　);创建基于两个具有一对多关系的表单时可选择(　②　)。

5. 表格是一种容器对象,它是按(　①　)方式来显示数据的。一个表格对象由若干(　②　)对象组成。

6. 若想让计时器在表单加载时就开始工作,应将(　　　)属性设置为真。

7. 所谓运行表单就是根据表单信息表文件和(　　　)的内容产生表单程序文件。

8. 要为控件设置焦点,其属性(　①　)和(　②　)必须为.T.。

9. 数据环境是一个(　①　),它定义了表单或表单集使用的(　②　),包含与表单相互作用的(　③　),以及表单所要求的表之间的(　④　)。

10. 在表单中添加控件后,除了通过属性窗口为其设置各种属性外,也可以通过相应的(　　　)为其设置常用属性。

11. 在一个表单对象中添加了两个按钮 Command1 和 Command2,单击每个按钮会作出不同的操作,必须为这两个按钮编写的事件过程名称分别是(　①　)和(　②　)

12. 在上题中,如果程序运行时单击 Command1 按钮,表单的背景变为蓝色,则其 Click 事件过程中的相应命令是(　①　);单击 Command2 按钮,该按钮变为不可见,则其 Click 事件过程中的相应命令应是(　②　)。

13. 编辑框控件与文本框控件最大的区别是：在编辑框中可以输入或编辑（ ① ）文本，而在文本框中只能输入或编辑（ ② ）文本。

14. 对于表单中的标签控件，若要使该标签显示指定的文字，应对其（ ① ）属性进行设置；若要使指定的文字自动适应标签区域的大小，则应将其（ ② ）属性设置为逻辑真值。

15. 将控件与通用型字段绑定的方法是：在控件的 ControlSource 属性中指定（ ）。

16. 将设计好的表单存盘时，将产生扩展名为（ ① ）和（ ② ）的两个文件。

17. 数据环境泛指定义表单或表单集时使用的数据源，它可以包括（ ① ）、（ ② ）和（ ③ ）。

18. 有如下程序段：

```
nn="xscj"+STR(100,3)
kk="12131415"
nn=nn+SUBSTR(kk,4,2)
USE &nn
aa=ThisForm.Text1.Value      &&Text1 的内容为所选择的班级名称
bb=IIF(ThisForm.Check1.Value=.T.,"男","女")
BROWSE FOR 班级=aa.AND.性别=bb
```

试回答：以上程序段打开的表文件的名称是（ ① ）；该程序段完成的操作是（ ② ）。

19. 某表单上有两个命令按钮 Command1 和 Command2。其中 Command1 的 Click 事件代码如下：

```
ThisForm.Command2.Enabled.=.T.
SKIP -1
IF BOF()
GO TOP
This.Enabled=.F.
ENDIF
ThisForm.Refresh
```

其中 Command2 的 Click 事件代码如下：

```
ThisForm.Command1.Enabled.=.T.
SKIP
IF EOF()
GO BOTTOM
This.Enabled=.F.
ENDIF
ThisForm.Refresh
```

试回答：执行以上表单后，若单击 Command1 命令按钮，程序将作（ ① ）处理；若单击 Command2 命令按钮，程序将作（ ② ）处理。

20. 某表单上有一个 Command1 控件和一个 Label1 控件，其中 Command1 的 Click 事件代码为：

```
IFThis.Caption="欢迎(\<C)"
ThisForm.Label1.Caption="进入 Visual FoxPro 世界"
This.Caption="日期(\<W)"
```

```
ELSE
ThisForm.Label1.Caption="进入文件管理"
This.Caption="欢迎(\<C) "
ENDIF
```

单击按钮 Command1 的事件发生后,程序将作(　　)处理。

三、程序填空题

1. 创建一个表单(如下图所示),该表单的功能是:若在 Text1 中输入一个除数(整数),然后点击"开始"按钮,就能求出 1～500 之间能被此除数整除的数(整数)及这些数之和,并将结果分别在 Edit1 和 Text2 中输出。单击"清除"按钮,则清除 Text1、Edit1 和 Text2 中的内容。请将以下操作步骤和程序填写完整。

(1) 在表单上显示文本"输入除数",应使用(　①　)控件。

(2) 创建对象 Text1,应使用(　②　)控件。

(3) 创建对象 Edit1,应使用(　③　)控件。

(4) 创建"开始"按钮,应使用(　④　)控件。

(5) 将对象 Text1 和 Text2 的 VALUE 属性值设置为(　⑤　)。

(6) 为了完成题目中要求"开始"按钮的功能,应使用"开始"按钮的(　⑥　)事件,及编写如下相应的事件代码:

```
FOR I=1 To 500
  IF(　⑦　)
  (　⑧　).EDIT1.VALUE=(　⑨　).EDIT1.VALUE+STR(I,5)+CHR(13)
  ThisForm.TEXT2.VALUE=(　⑩　)
  ENDIF
  ENDFOR
```

(7) 编写"清除"按钮的事件代码为(　⑪　)。

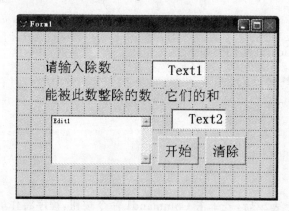

2. 要创建一个检查输入口令的表单(如下图所示),口令设定为"HAPPY",允许用户输入三次口令。如果三次输入错误,则显示相关信息,并禁止再次输入口令;如果口令正确,则显示"欢迎使用本系统!"字样。请阅读下面的设置并进行相应的填空:

(1) 表单中包含如下的控件:

.Label1:Caption 属性值为"请输入口令:"

.Label2:当运行表单时开始状态为不显示任何信息;当前两次口令输入错误时显示

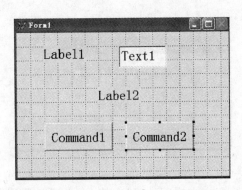

"口令错,请重新输入口令!";第三次口令输入错误时显示"对不起,您无权使用本系统!";如果口令输入正确,则显示"欢迎使用本系统!"其 Caption 属性的初始值应设置为(①)。

. Text1:用于接收用户输入的口令,当口令三次输入错误时,处于禁用状态;当用户输入口令时,其中的值以"＊"号显示,应对该文本框的(②)属性进行设置。

. Command1:当单击该按钮时,检查用户输入口令的正确性以及输入的次数,当口令三次输入错误时,处于禁用状态,其 Caption 属性为"确定"。

. Command2:其 Caption 属性为"关闭",当单击该按钮时,将关闭该表单。

(2) 编写表单的 Activate 事件代码如下:

```
ThisForm. Text1. SetFocus
PUBLIC n
n＝0
```

(3) 对 COMMAND1 的 Click 事件编写如下代码:

```
a＝ThisForm. Text1. Value
IF( ③ )
ThisForm. Label2. Caption＝"欢迎使用本系统!"
ELSE
( ④ )
IF n＝3
ThisForm. Label2. Caption＝"对不起,您无权使用本系统!"
( ⑤ )
( ⑥ )
ELSE
ThisForm. Label2. Caption＝"口令错,请重新输入口令!"

ThisForm. Text1. Value＝" "
ThisForm. Text1. Setfocus
ENDIF
ENDIF
```

(4) 对命令按钮 Command2 的 Click 事件编写的代码应为(⑦)

(5) 若为 Command2 增加一个快捷键 C,应将其 Caption 属性改为(⑧)。

3. 如下图所示,用标签、文本框、命令按钮构成一个表单 Form1。在标签中显示以下文字:"当前日期和时间:";运行表单时,在文本框中单击鼠标左键将显示当前系统日期,单击鼠标右键将显示当前系统时间;单击"清除"按钮,文本框中的结果将被清除;单击"退出"按钮,将退出表单的运行。

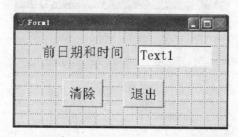

为完成上述任务,应该编写的"清除"按钮的 Click 事件代码是(①),"退出"按钮的 Click 事件代码是(②),在文本框(Text1)中的 Click 事件代码是(③),而(④)的事件代码是(⑤)。

4. 如下图所示,设计一个可供逐条记录翻页查看学生表(学生.DBF)内容的表单,首先打开表单设计器,采用"快速表单"方法,在该表单的(①)中加入学生表,并完成表单布局;然后在表单的下方添加命令按钮组,依次包括:"上页"、"下页"、"退出"3 个按钮。

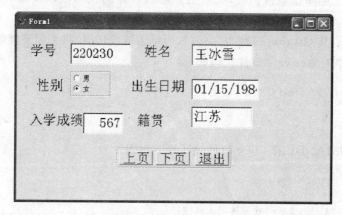

以上是该命令按钮组(②)事件的程序代码,请将其填写完整。

```
DO CASE
  CASE This. Value=1
    ( ③ )
  IF BOF()
    GO BOTT
  ENDIF
ThisForm. Refresh
  CASE This. Value=2
    ( ④ )
  IF EOF()
    GO TOP
  ENDIF
    ( ⑤ )
  CASE This. Value=3
    ( ⑥ )
  ENDCASE
```

5. 如下图所示,表单 Form1 用来对学生成绩表 XSCJ.DBF 进行处理,在表单中有一个表格，一个选项按钮组、一个命令按钮组、三个文本框和一个命令按钮，在其数据环境中加入 XSCJ. DBF 后运行此表单，就可在其左侧的表格中显示出学生成绩表的内容。请按以下要求将有关操作与程序填充完整。

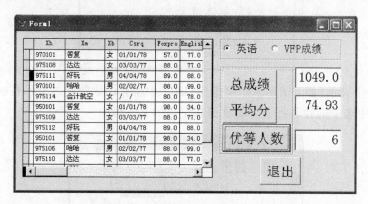

（1）要求选中 Option group1 中的"英语"后，单击 Commandgroup1 中的"总成绩"按钮即可在其右侧 Text1 中显示所有学生数学课的总成绩，单击"平均分"按钮即可在其右侧的 Text2 显示所有学生的平均分，单击"优等人数"按钮即可在其右侧的 Text3 中显示数学成绩在 85 分以上的学生人数。

（2）类似地，如选中 Option group1 中的"外语"后，再单击"总成绩"、"平均分"、"优等人数"等按钮即可在其右侧文本框中显示外语成绩的对应统计数字。

（3）为此，需要为 Option group1 的（　①　）事件编写如下代码：

```
DO CASE
CASE This. Value＝1
XX＝（　②　）
CASE This. Value＝2
XX＝（　③　）
ENDCASE
```

（4）同时，应为 Commandgroup1 的（　④　）事件编写如下代码：

```
DO CASE
CASE This. Value＝1
（　⑤　）TO xxzf
ThisForm. Text1. Value＝xxzf
CASE This. Value＝2
（　⑥　）TO xxpj
ThisForm. Text2. Value＝xxpj
CASE This. Value＝3
（　⑦　）TO xxyou
ThisForm. Text3. Value＝xxyou
ENDCASE
```

四、操作题

1. 设计一个简单的表单（如下图所示）。其中 3 个控件分别是：标签 Label1、命令按钮 Command1、复选框 Check1。为 Command1 编写 Click 事件：当单击该命令按钮时释放该表单；为 Check1 编写 Interac-tiveChange 事件：当选中该复选框时在 Label1 上显示"身体健康！"字样，否则在 Label1 上不显示任何信息。

2. 设计一个表单（如下图所示），将学生.DBF 中所有记录的姓名显示在一个列表框中，而在此列表框中选中的姓名将会自动显示在左边的文本框中。

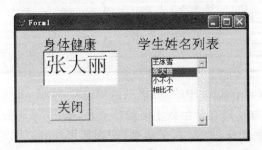

3. 设计一个只含一个文本框的日期与时间表单（如下图所示），逐次单击之，即可轮流显示日期或时间，单击清除则将文本框的内容清除，单击退出则释放表单。

4. 在表单上设计一个数字时钟（如下图所示），当单击或按下一命令按钮时将实现"24 小时制"与"12 小时制"两种显示格式的转换。

5. 设计一个表单（如下图所示），要求根据用户输入的存款额和存期（月），单击"计算"按钮显示到期后应得的本息和，一年期利息为 2.2%，两年期利息为 3.5%，三年以上为 5%。

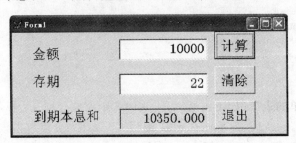

6. 设计一个可选择不同字体(黑体、宋体、楷体、隶书)进行显示的表单(如下图所示)。要求在文本框中输入文字后,单击某个单选按钮,文本框内的文字即能以指定的字体显示。

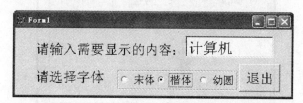

7. 设计一个学生档案管理系统的软件封面(如下图所示)。要求该表单的标题为"学生档案管理系统",且其中的"欢迎使用学生成绩查询系统"文字是从右至左移动的字幕。

8. 设计一个可选择"学生成绩表"、"学生表"和"学生档案表"3 个表中的一个进行浏览或编辑的对话框(如下图所示)。要求当编辑框选中时,单击"确定"按钮可显示和修改指定表中的数据;若编辑框未选中,则单击"确定"按钮后只能显示而不能修改表中的数据。此外,单击"退出"按钮释放该表单。

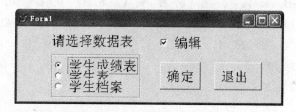

9. 设计一个"学生情况表"的多页表单,要求:

(1) 内有一个命令按钮组,包含"上页"、"下页"、"退出"。单击"上页"显示上一条记录的内容;单击"下页"则显示下一条记录的内容;单击"退出"则释放当前表单。

(2) 包含 3 个"选项卡",使得单击其中的"基本情况"选项卡则显示学生表 xscj.dbf 当前记录的有关基本数据,如下图所示。

(3) 单击"照片"选项卡,显示当前记录的照片。

(4) 单击"简历"选项卡则显示该职工的简历信息。

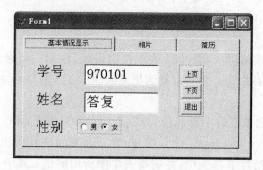

五、参考答案

选择题

1. B 2. C 3. B 4. A 5. A 6. B 7. C 8. D 9. D 10. B 11. A
12. B 13. D 14. B 15. D 16. D 17. D 18. B 19. B 20. D 21. C
22. C 23. B 24. A 25. B 26. D 27. B 28. C 29. B 30. B 31. D
32. B 33. C 34. B 35. C 36. A 37. D 38. C 39. C 40. D 41. D
42. A 43. B 44. C 45. D 46. C

填空题

1. Myform. Show   2. 用户不能更改属性值   3. 表单

4. ①表单向导 ②一对多表单向导   5. ①行和列 ②列   6. Enabled

7. 表单备注文件   8. ①Enabled ②Visible

9. ①对象 ②数据源 ③表或视图 ④关系

10. 生成器   11. ①Command1. Click ②Command2. Click

12. ①ThisForm. BackColor＝RGB(0,0,255) ②ThisForm,Command2. Visible＝. F.

13. ①多行 ②一行   14. ①Caption ②AutoSize   15. 通用型字段名

16. ①. SCX ②. sct   17. ①表 ②视图 ③关系

18. ①XSCj0031

②以窗口浏览的方式编辑 xscj10031 表中指定班级、性别的记录信息。其中,班级由文本框 Text1 中输入的内容指定;性别由复选框 Check1 的选中与否决定(选中为男生,否则为女生)。

19. ①将当前表的记录指针上移一位,并刷新表单中所有的值;其中,若指针已处于文件的首记录,则将其自身(Command1 命令按钮)设置为不能被激活状态。

②将当前表的记录指针下移一位,并刷新表单中所用的值;其中,若指针已处于文件的

末记录,则将其自身(COMMAND2 命令按钮)设置为不能被激活状态。

20. 通过单击 Command1 控件,可使标签 Label1 的标题内容在"进入 Visual Foxpro 世界"和"进入文件管理"两行文字之间切换显示。而命令按钮 Command1 的标题页在"日期"和"欢迎"两者之间切换。

程序填空题

1. ①Label(标签) ②Text(文本框) ③Edit(编辑框) ④Command(命令按钮)

⑤0 ⑥CLICK ⑦MOD(I,THISFORM. TEXT1. VALUE)=0

⑧THISFORM ⑨THISFORM ⑩THISFORM. TEXT2. VALUE+I

⑪清除按钮的代码: THISFORM. TEXT1. VALUE=0
　　　　　　　　　　THISFORM. TEXT2. VALUE=0
　　　　　　　　　　THISFORM. EDIT1. VALUE=""

2. ①" " ②PasswordChar ③a="HAPPY" ④N=N+1

⑤ThisForm. text1. Enabled=.F. ⑥ThisForm. command1. enabled=.f.

⑦ThisForm. release ⑧关闭\<C

注意:变量 n 用于记录口令的键入次数,因此,应该在表单被激活时(CTIVATE 事件)设置其初值为 0,并在每次键入口令后加 1。

3. ①ThisForm. text1. value="" ②ThisForm. release ③This. value=date()

④ rightclick ⑤this. value=time()

4. ①数据环境 ②CLICK ③SKIP −1 ④SKIP ⑤THISFORM. REFRESH

⑥ THISFORM. RELEASE

5. ①CLICK ② "英语" ③"VFP 成绩"(为字段名) ④CLICK ⑤SUM &.XX

⑥ AVERAGE ＆.XX ⑦COUNT FOR ＆.XX>=85

操作题

1. 操作步骤如下:

进入表单设计器,在表单设计器设计一个命令按钮、一个复选框、一个标签,并设置相应的属性。为命令按钮编写 Click 事件代码:ThisForm. release

为复选框按钮编写 InteractiveChange 事件代码:

```
If this. value=1
ThisForm. label1. caption="身体健康"
Else
ThisForm. label1. caption=" "
Endif
```

注释:InteractiveChange 是一个当用户使用键盘或鼠标更改控件的值时发生的事件。

当复选框处于选中状态时,其 Value 值为 1,否则为 0。

2. 操作步骤如下:

(1) 打开"表单设计器"。

(2) 在"显示"菜单中选择"数据环境"命令,将学生. dbf 加入表单。

(3) 添加 2 个标签、一个文本框和一个列表框,并调整其大小与位置。

(4) 设置各控件的属性:

控件名称	属性名	设置值
Label1	Caption	学生姓名
Label2	Caption	学生姓名列表
Text1	FontSize	18
	FontBold	.T.
	FontName	华文隶书 \
List1	RowSource	姓名
	RowSourceType	6-字段

(5) 编写 List1 的 InteractiveChange 事件代码如下：

ThisForm.Text1.Value＝This.Value

注释：RowSource 是一个指定组合框或列表框的数据源的属性；RowSourceType 则是一个指定组合框或列表框的数据源类型的属性。

3. 操作步骤如下：

(1) 在命令窗口执行"MODIFY FORM Form1"命令。

(2) 从表单控件工具栏中拖入一个文本框，并调整其大小和位置。

(3) 设置各控件属性：

控件名称	属性名	设置值
Form1	Caption	日期与时间
Text1	FontSize	20
	BackStyle	0

(4) 编写表单的 Load 事件代码如下：

```
PUBLIC i
i＝.T.
```

(5) 编写文本框的 Click 事件代码如下：

```
IF i＝.T.
ThisForm.Text1.Value＝DATE()
ThisForm.Text1.DateFormat＝12
ThisForm.Text1.DateMark＝"."
i＝.F.
ELSE
ThisForm.Text1.Value＝TIME()
i＝.T.
ENDIF
```

4. 操作步骤如下：

(1) 进入表单设计器，添加相应的控件，放在合适位置并调整其大小，但计时器位置可以任意。

(2) 设置各控件的属性：

控件名称	属性名	设置值
Text1	Alignment	2-中间

	FontBold	.T.
	FontSize	20
	Value	00：00：00
Timer1	Interval	1000

Command1　Caption 按 24 小时制显示时间

（3）编写 Timer1 的 Timer 事件代码如下：

```
IF ThisForm.Command1.Caption="按 12 小时制显示时间"
   ThisForm.Text1.Value=TIME()
   ELSE
   IF VAL(SUBSTR(TIME(),1,2))>12
   ThisForm.Text1.Value=ALLTRIM(STR(VAL(SUBSTR(TIME(),1,2))-12));
   +SUBSTR(TIME(),3)
   ELSE
   ThisForm.Text1.Value=TIME()
   ENDIF
ENDIF
```

（4）编写 Command1 的 Click 事件代码为：

```
IF This.Caption="按 24 小时制显示时间"
    This.Caption="按 12 小时制显示时间"
ELSE
    This.Caption="按 24 小时制显示时间"
ENDIF
```

注释：

（1）计时器是一种周期性地按时间间隔自动执行其 Timer 事件代码的控件，它在应用程序中主要用于处理可能反复发生的、规律的动作。

（2）在创建计时器时，它的位置可以任意摆放，因为在表单执行时是见不到计时器的，它属于不可见的控件。

（3）计时器的 InterVal 属性用于设置 Timer 事件的触发时间间隔，单位为毫秒。

5. 操作步骤如下：

（1）打开表单设计器。在表单设计器中添加 3 个标签、3 个文本框和 3 个命令按钮，并调整其位置和大小。将第三个文本框的 Readonly 属性设置为.T.，将前两个文本框的 Value 初值设置为 0。

（2）编写计算命令按钮的 Click 事件的代码如下：

```
do case
case   thisform.text2.value<=12
    x=0.022
case   thisform.text2.value<=24
    x=0.035
other
    x=0.05
endcase
thisform:text3.value=thisform.text1.value*(1+x)
```

编写清除命令按钮的 Click 事件的代码如下：

```
thisform.text1.value=0
thisform.text2.value=0
thisform.text3.value=0
```

编写退出命令按钮的 Click 事件的代码如下：

```
thisform.release
```

6. 操作步骤如下：

（1）打开表单设计器。在表单中添加两个标签、一个文本框、一个选项按钮组和一个命令按钮，放在合适位置并调整其大小、设置相应的属性值。选项按钮组 Optiongroup1 的设置为：单击鼠标右键，在弹出的快捷菜单中选择"生成器"命令，再在弹出的对话框中设置"黑体"、"宋体"、"隶书"、"楷体"4 个按钮，在"布局"选项卡中设置按钮为"水平"布局。

（2）编写 Optiongroup1 的 Click 事件代码如下：

```
do case
 case   this.value=1
    thisform.text1.fontname="宋体"
 case   this.value=2
    thisform.text1.fontname="楷体"
 case   this.value=3
    thisform.text1.fontname="幼圆"
endcase
```

（6）编写 Command1 的 Click 事件代码为：ThisForm.Release

7. 操作步骤如下：

（1）打开表单设计器。添加一个标签、一个计时器和一个命令控件，将标签放在合适的位置并调整其大小，但计时器位置可以任意。并设置相应的属性值如下：

控件名称	属性名	设 置 值
Form1	Caption	学生成绩管理系统
Label1	Caption	欢迎使用学生成绩查询系统
Timer1	InterVal	200
Command1	Caption	退出

（2）编写 Timer1 的 Timer 事件代码如下：

```
if thisform.label1.left+thisform.label1.width<0
   thisform.label1.left=thisform.label1.width
else
   thisform.label1.left=thisform.label1.left-10
endif
```

编写 command1 的 Click 事件代码：

```
ThisForm.Release
```

8. 操作步骤如下：

（1）打开表单设计器。在表单设计器中添加一个标签、一个选项按钮组、一个复选框和两个命令按钮。

（2）在数据环境中加入 xscj.dbf、xsda.dbf 和学生.dbf 三个表。

（3）设置选项按钮组：用鼠标右键单击该按钮组，在弹出的快捷菜单中选择"生成器"命令，在弹出对话框的"按钮"选项卡中设置按钮数为3，将表格标题列出的3项标题分别设定为"学生成绩表"、"学生表"、"学生档案表"，在"布局"选项卡中设置3个按钮的适当间隔。

（4）编写 Optiongroup1 的 Click 事件代码如下：

```
do case
case this.value=1
    sele xscj        && 必须有 xscj.dbf 表
case this.value=2
    sele 学生        && 必须有学生.dbf 表
case this.value=3
    sele xsda        && 必须有 xsda.dbf 表
endcase
```

（5）编写 Command1 的 Click 事件代码如下：

```
if thisform.check1.value=1
    browse
else
    browse nomodi nodele noappend
endif
```

（6）编写 Command2 的 Click 事件代码如下：

```
thisform.release      注释：
```

（7）Command1 的 Click 事件代码中，BROWSE NOMODIFY NOAPPEND NODELETE 命令的功能是设置在表记录的浏览时不能对其进行修改（NOMODIFY）、追加（NOAPPEND）和删除（NODELETE）操作。

9. 操作步骤如下：

（1）打开表单设计器，在表单的空白处单击右键，在数据环境中加学生成绩表 xscj.dbf（如果没有该表必须建立相应的表的结构和输入记录）。

（2）在表单中添加一个页框和一个命令按钮组，选择命令按钮组，单击右键，选择生成器，在对话框中设置相应的属性值，页框将属性 pagecount 的值设置为3，并将其大小和位置调整好。

（3）设置第一个页面 Page1：右键单击页框控件，在弹出的快捷菜单中选择"编辑"命令，单击选中第一个页面。在其中分别添加"职工号"、"姓名"、"性别"三个标签，及对应的两个文本框 Text1 和 Text2、一个选项按钮组 OptionGroup1。调整各控件的大小、字号与位置，然后设置该页面的标签并分别将各控件与对应的学生成绩字段数据绑定：

Page1	Caption	基本情况	
Text1	ControlSource	xscj.xh	&&xh 为字段名
Text2	ControlSource	xscj.xm	
OptionGroup1	ControlSource	xscj.xb	

（4）设置第二个页面 Page2：用类似的方法选中第二个页面，在其中添加一个 ActiveX 绑定控件 Olebound-control1。调整该控件的大小与位置，然后设置该页面的标签并将该控

件与对应的字段数据绑定：

| Page2 | Caption | 照片 |
| Oleboundcontrol1 | ControlSource | xscj. xp |

（5）设置第三个页面 Page3：用类似的方法选中第三个页面，在其中添加一个编辑框控件 Edit1。调整该控件的大小与位置，然后设置该页面的标签并将该控件与对应的字段数据绑定：

| Page3 | Caption | 简历 |
| Edit1 | ControlSource | xscj. jl |

（6）设置命令按钮组 Commandgroup1：用右键单击命令按钮组，在弹出的快捷菜单中选择"生成器"，在"命令组生成器"对话框中设置"上页"、"下页"、"退出"3 个按钮及其布局。最后编写该命令按钮组的 Click 事件的程序代码如下：

```
do case
case this. value＝1
    if recno()＞1
        skip －1
    else
        go bott
    endif
    thisform. refresh
case this. value＝2
    if recno()＜reccount()
        skip
    else
        go top
    endif
  thisform. refresh
case this. value＝3
        thisform. release
endcase
```

注释：表单中选项卡的个数是通过对 PageFrame1 的 PageCount 属性的设置来指定的。命令按钮组（OpionGroup）的 Value 值取决于被选定按钮的序号，系统默认为 1。

4.12 菜单设计

一、选择题

1. 在 Visual FoxPro 中创建一个菜单，可以在命令窗口中键入（   ）命令。

A. CREATE MENU   B. OPEN MENU

C. LIST MENU   D. CLOSE MENU

2. 下列新建菜单的方法中错误的是（   ）。

A. 从"文件"菜单中选择"新建"命令，在弹出的"新建"对话框中选择"菜单"单选按钮，然后单击"新建文件"按钮，在弹出的"新建菜单"对话框中单击"菜单"按钮

B. 在命令窗口中输入 CREATE MENU <文件名>命令

C. 单击常用工具栏中的"新建"按钮，在弹出的"新建"对话框中选择"菜单"单选按钮，

然后单击"新建文件"按钮,在弹出的"新建菜单"对话框中单击"菜单"按钮

D. 在命令窗口中输入 OPEN MENU <文件名>命令

3. 下列说法中错误的是(　　)。

A. 如果指定菜单的名称为"文件(-F)",那么字母 F 即为该菜单的快捷键

B. 如果指定菜单的名称为"文件(\<F)",那么字母 F 即为该菜单的访问键

C. 要将菜单项分组,系统提供的分组手段是在两组之间插入一条水平的分组线,方法是在相应行的"菜单名称"列上输入"\—"两个字符

D. 指定菜单项的名称,也称为标题,只是用于显示,并非内部名字

4. 使用 Visual FoxPro 的菜单设计器时,选中菜单项之后,如果要设计它的子菜单,应在结果(Result)中选择(　　)。

A. 填充名称(Pad Name)　　　　　　B. 子菜单(Submenu)

C. 命令(Command)　　　　　　　　D. 过程(Procedure)

5. 用户可以在"菜单设计器"窗口右侧的(　　)列表框中查看菜单所属的级别。

A. 菜单项　　　　B. 菜单级　　　　C. 预览　　　　D. 插入

6. 在定义菜单时,若要编写相应功能的一段程序,则在结果一项中选择(　　)。

A. 命令　　　　B. 填充名称　　　　C. 子菜单　　　　D. 过程

7. 用 CREATE MENU TEST 命令进入"菜单设计器"窗口建立菜单时,存盘后将会在磁盘上出现(　　)。

A. TEST. MPR 和 TEST. MNT　　　　B. TEST. MNX 和 TEST. MNT

C. TEST. MPX 和 TEST. MPR　　　　D. TEST. MNX 和 TEST. MPR

8. 在定义菜单时,若按文件名调用已有的程序,则在菜单项结果一项中选择(　　)。

A. 命令　　　　B. 填充名称　　　　C. 子菜单　　　　D. 过程

9. Visual FoxPro 支持两种类型的菜单,即(　　)。

A. 条形菜单和下拉式菜单　　　　　B. 下拉式菜单和弹出式菜单

C. 条形菜单和弹出式菜单　　　　　D. 下拉式菜单和系统菜单

10. 无论是条形菜单还是弹出式菜单,当选择其中某个选项时都会执行一定的动作。这个动作不可以是(　　)。

A. 执行一个程序　　　　　　　　　B. 执行一条命令

C. 执行一个过程　　　　　　　　　D. 激活另一个菜单

11. 下面的说法中错误的是(　　)。

A. 热键通常是一个字符

B. 不管菜单是否激活,都可以通过快捷键选择相应的菜单选项

C. 快捷键通常是 Alt 键和另一个字符键组成的组合键

D. 当菜单激活时,可以按菜单项的热键快速选择该菜单项

12. 如果在执行了 SET SYSMENU SAVE 命令后,修改了系统菜单,那么执行(　　)命令就可以恢复 SET SYSMENU SAVE 命令执行之前的菜单配置。

A. SET SYSMENU DEFAULT　　　　B. SYSMENU=DEFAULT

C. SET DEFAULT TO SYSMENU　　　D. SET SYSMENU TO DEFAULT

13. 在 Visual FoxPro 中,使用"菜单设计器"定义菜单,最后生成的可执行的菜单程序

的扩展名是(　　)。

　A. MNX　　　　　　B. PRG　　　　　　C. MPR　　　　　　D. SPR

二、填空题

1. 在命令窗口中执行(　　)命令可以启动菜单设计器。

2. 不带参数的(　　)命令将会屏蔽系统菜单,使系统菜单不可用。

3. 菜单定义文件存放着菜单的各项定义,但其本身是一个(　①　),不能够运行。所以需要根据菜单定义产生可执行的(　②　)文件。

4. 若要对菜单项分组,可以在"菜单名称"栏中输入(　　),便可以创建一条分隔线。

5. 典型的菜单系统一般是一个下拉式菜单,下拉式菜单通常由一个(　①　)和一组(　②　)组成。

6. Visual FoxPro 主要使用(　①　)与(　②　)两种形式的菜单。

7. 所谓(　　),是指用户处于某些特定区域时单击鼠标右键而弹出的一个菜单。

8. 在利用菜单设计器设计菜单时,当某菜单项对应的任务需要用多条命令来完成时,应利用(　　)选项来添加多条命令。

9. 在菜单设计器窗口中,要为某个菜单项定义快捷键,可利用(　　)对话框。

10. 菜单设计器窗口中的(　　)组合框可用于上、下级菜单之间的切换。

11. 要恢复 Visual FoxPro 的默认系统菜单,应执行(　　)命令。

三、操作题

1. 利用"菜单设计器"为"学生管理系统"程序建立一个下拉菜单(如下图所示)。其具体要求如下:

(1) 包含"查询"、"数据维护"、"打印"和"退出"4 个主菜单项。

(2) 其中"数据维护"下拉菜单又包含"浏览记录"、"修改记录"和"按字段修改"等菜单项;设置"浏览记录"的快捷键为 CTRL+X。

(3) 其中"打印"下拉菜单又包含"学生档案表"和"学生成绩表"两个菜单项。

(4) 单击"退出"菜单命令,可退出本"学生管理系统"程序,并自动恢复 Visual FoxPro的系统菜单。

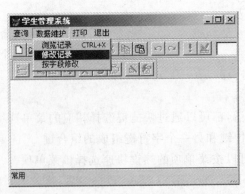

2. 设计一个具有"撤销"、"剪切"、"复制"、"粘贴"4 个菜单项的快捷菜单(如下图所示),以便在浏览和维护表时使用。

3. 假设有职工管理数据库 ZCT_DB,数据库中有 ZG 表和 ZC 表。其中 ZG 表的结构是

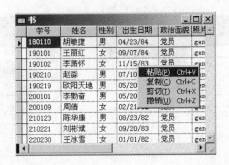

职工编码 C(4)、姓名 C(8)、职称代码 C(1)、工资 N(7,2),新工资 N(8,2)。ZC 表的结构是职称代码 C(1)、职称名称 C(10)、增加百分比 N(6,2)。编写并运行符合下列要求的程序:

(1) 设计一个菜单 MENU2,菜单中有两个菜单项:"计算"和"退出"。

(2) 程序运行时,单击"计算"菜单应完成下列操作:

给每个人增加工资,请计算 ZG 表的新工资字段,计算方法是根据 ZC 表中的相应职称的增加百分比来计算:

$$新工资 = 工资 \times (1 + 增加百分比/100)$$

单击"退出"菜单项,程序终止运行。

四、参考答案

选择题

1. A　2. D　3. A　4. B　5. B　6. D　7. B　8. A　9. C　10. A

11. C　12. D　13. C

填空题

1. CREATEMENU <文件名>　2. SET SYSEMENU TO

3. ①表　②菜单程序文件(. mpr)　4. \'a1ª

5. ①条形菜单　②弹出式菜单　6. ①下拉式　②弹出式

7. 快捷菜单　8. 结果栏中的过程　9. 提示选项　10. 菜单级

11. set sysmenu to default

操作题

1. 操作步骤如下:

(1) 在命令窗口中执行"MODIFY MENU xsg1"命令,打开"菜单设计器"。

(2) 在"菜单设计器"窗口中填入并设定四个菜单项,如下图所示。

(3) 单击"查询"行中的"创建"按钮,为"查询"的过程设置代码如下:

WAIT,查询程序尚在开发中。

CLEAR

(4) 单击"数据维护"行中的"创建"按钮,为"数据维护"设置其子菜单项如下:

浏览记录	命令	BROWSE NOMODIFY
修改记录	命令	BROWSE
按字段修改	过程	&& 待开发

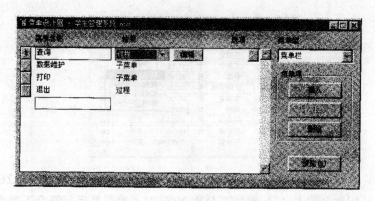

菜单设计器

（5）为"浏览记录"菜单项定义快捷键：单击"浏览记录"行中的"选项"按钮，在出现的"提示选项"对话框中单击"键标签"文本框，然后按下键盘上的 Ctrl＋X 组合键，单击"确定"按钮后返回"菜单设计器"窗口。

（6）为"打印"菜单定义两个选项。

学生档案表　菜单项＃
学生成绩表　菜单项＃

（7）为"退出"菜单定义过程代码：在上图所示的窗口中，单击"退出"行中的"创建"或"编辑"按钮，在出现的"过程"编辑窗口内填写：

```
USE                              && 关闭学生档案表
MODIFY WINDOW SCREEN             && 恢复系统窗口标题
SET SYSMENU TO DEFAULT           && 恢复系统菜单
ACTIVATE WINDOW COMMAND          && 激活命令窗口
```

（8）设置菜单程序的初始化代码：选定系统"显示"菜单中的"常规选项"命令，在弹出的对话框中选中"设置"复选框，然后在弹出的"设置"编辑窗口内键入：

```
CLEAR ALL
CLEAR
MODIFY WINDOW SCREEN TITLE "学生管理系统"    && 设菜单窗口标题
USE XSDA                                    && 打开有关的学生档案表
```

（9）保存菜单定义、生成菜单程序：在"菜单"菜单中选择"生成"命令，系统会将此菜单保存为以. MNX 为后缀的菜单程序（XSGL. MNX），并自动生成.MPR 的同名菜单程序（XSGL. MPR）。

（10）运行本菜单：在命令窗口中执行"DO XSGL. MPR"命令。

2. 操作步骤如下：

（1）打开"快捷菜单设计器"窗口。

（2）添入快捷菜单中所需的菜单项：在"快捷菜单设计器"窗口单击"插入栏…"按钮，在弹出的"插入系统菜单栏"对话框中，选定"撤销"并单击"插入"命令按钮，该选项即被插入到当前快捷菜单中了。

（3）用类似的方法在快捷菜单中插入"剪切"、"复制"、"粘贴"几个菜单项。

（4）保存并生成菜单程序，例如命名为 kjcd.mpr。

（5）编写如下调用程序：

```
* kjcd.prg
CLEAR ALL
PUSH KEY CLEAR                              && 清除以前设置过的功能键
ON KEY LABEL RIGHTMOUSE DO kjcd.mpr
USE xsda                                    && 打开学生档案表
BROWSE
USE
PUSH KEY CLEAR
```

在命令窗口执行"DO kjcd.prg"命令，屏幕上即出现 xsda 表的浏览窗口。选定任何数据后单击鼠标右键即可弹出所创建的快捷菜单，选择执行其中的操作。

注释：命令 ON KEY LABEL RIGHTMOUSE DO kjcd.mpr 的功能是设置单击鼠标右键，即启动 kjcd.mpr 程序。

3. 操作步骤如下：

（1）选择"文件"菜单中的"新建"选项，弹出"新建"对话框，在"文件类型"中选择"菜单"，再单击"新建文件"按钮。

（2）在弹出的"新建菜单"对话框中选择"菜单"，弹出"菜单设计器"对话框。

（3）在"菜单设计器"中输入菜单项及相关的结果。"退出"菜单项的结果选择"命令"，在后面输入 SET SYSTEM TO DEFAULT 命令，表示关闭此菜单，恢复系统菜单；"计算"菜单项要完成计算的功能，结果选择"过程"，单击后面的"创建"，弹出过程编辑窗口。

（4）在过程编辑窗口输入如下程序：

```
OPEN DATABASE ZG_DB
SELECT 2
USE ZG
SELECT 1
USE ZC
DO WHILE.NOT.EOF()
SCATTER TO A
SELECT 2
REPLACE ALL 新工资 WITH 工资 * (1+A[3]/100) FOR a.职称代码＝A[1]
SELECT 1
SKIP
ENDDO
CLOSE ALL
RETURN
```

（5）选择"菜单"菜单中的"生成"选项，弹出确认保存的对话框，单击"是"按钮，弹出"另存为"对话框，输入文件名 MENU2，单击"保存"按钮。

（6）在弹出的"生成菜单"对话框中，输入"输出文件"名，单击"生成"按钮即可生成可执行的菜单程序文件。

（7）选择"程序"菜单中的"运行"选项，选择菜单程序名 MENU2.MPR，运行菜单。

4.13　报表与标签设计

一、选择题

1. 设计报表不需要定义报表的(　　)。

A. 标题　　　　　　B. 细节　　　　　　C. 页标头　　　　　　D. 输出方式

2. 报表布局包括(　　)等设计工作。

A. 字段和变量的安排

B. 报表的表头、字段及字段的安排和报表的表尾

C. 报表的表头和报表的表尾

D. 以上都不是

3. 报表的数据源可以是(　　)。

A. 数据库表、自由表或视图　　　　　B. 表、视图或查询

C. 自由表或其他表　　　　　　　　　D. 数据库表、自由表或查询

4. 报表以视图或查询为数据源是为了对输出记录进行(　　)。

A. 筛选　　　　　B. 排序和分组　　　　C. 分组　　　　　D. 筛选、分组和排序

5. 以下说法哪个是正确的?(　　)

A. 报表必须有别名　　　　　　　　　B. 必须设置报表的数据源

C. 报表的数据源不能是视图　　　　　D. 报表的数据源可以是临时表

6. 不属于常用报表布局的是(　　)。

A. 行报表　　　　　B. 列报表　　　　　C. 多行报表　　　　　D. 多栏报表

7. 设计报表,要打开(　　)。

A. 表设计器　　　　B. 表单设计器　　　C. 报表设计器　　　D. 数据库设计器

8. 在创建快速报表时,基本带区不包括(　　)。

A. 细节　　　　　　B. 页标头　　　　　C. 标题　　　　　　D. 页注脚

9. 默认情况下,"报表设计器"显示 3 个带区,它们分别是(　　)。

A. 组标头、组注脚和细节　　　　　　B. 页标头、页注脚和总结

C. 组标头、组注脚和总结　　　　　　D. 页标头、细节和页注脚

10. 如果要创建一个三级数据分组报表,第一个分组表达式为"部门",第二个分组表达式为"性别",第三个分组表达式为"基本工资",则当前索引的索引关键字表达式应该是(　　)。

A. 部门＋性别＋基本工资　　　　　　B. 部门＋性别＋STR(基本工资)

C. STR(基本工资)＋性别＋部门　　　D. 性别＋部门＋STR(基本工资)

11. 报表控件没有(　　)。

A. 标签　　　　　　B. 线条　　　　　　C. 矩形　　　　　　D. 命令按钮控件

12. 使用(　　)工具栏可以在报表或表单上对齐和调整控件的位置。

A. 调色板　　　　　B. 布局　　　　　　C. 表单控件　　　　D. 表单设计器

13. 在"报表设计器"中,可以使用的控件是(　　)。

A. 布局和数据源　　　　　　　　　　B. 标签、域控件和列表框

C. 标签、域控件和线条　　　　　　　D. 标签、文本框和列表框

14. 在"报表设计器"中,任何时候都可以使用"预览"功能查看报表的打印效果。以下几种操作中不能实现预览功能的是(   )。

A. 打开"显示"菜单,选择"预览"选项

B. 直接单击常用工具栏上的"打印预览"按钮

C. 在"报表设计器"中单击鼠标右键,从弹出的快捷菜单中选择"预览"

D. 打开"报表"菜单,选择"运行报表"选项

15. 预览报表可以使用命令(   )。

A. DO   B. OPEN DATABASE

C. MODIFY REPORT   D. REPORT FORM

二、填空题

1. 报表文件的扩展名是(   )。

2. 设计报表可以直接使用命令(   )启动报表设计器。

3. 报表布局主要有(①)、(②)、一对多报表、多栏报表和标签等5种基本类型。

4. 定义报表布局主要包括设置报表页面,设置(   )中的数据位置,调整报表带区宽度等。

5. 报表中包含若干个带区,其中(①)与(②)内容,将在报表的每一页上打印一次。

6. 报表标题要通过(   )控件定义。

7. 利用"一对多报表"向导创建的一对多报表,把来自两个表中的数据分开显示,父表中的数据显示在(①),而子表中的数据显示在(②)。

8. 报表中的图片可以通过(   )工具栏添加。

9. 多栏报表的栏目数可以通过"页面设置"对话框中的(   )来设置。

10. 报表可以在打印机上输出,也可以通过(   )浏览。

三、操作题

1. 有学生表 XSB.DBF 的结构如下:

学生表

意 义	字段名称	字段类型	字段宽度	小数位数	
学号	XH	字符型	6		
姓名	XM	字符型	10		
性别	XB	字符型	2		
出生年月	CSNY	日期型	8		
民族	MZ	字符型	6		
学生干部	XSGB	逻辑型	1		
宿舍	SS	字符型	5		
平均成绩	PJCJ	数值型	5	1	

完成如下简单应用:

使用报表向导建立一个简单报表。要求选择 XSB 表中所有字段;记录不分组;报表样式为"简报式";列数为"1",方向为"纵向",字段布局为"列";排序字段为"学号"(升序);报

表标题为"学生档案一览表";报表文件名为 REPORT1.FRX。

2. 利用学生表 XSB.DBF,使用报表设计器建立一个报表,具体要求如下:

(1) 报表的内容(细节带区)是 XSB 表中的学号、姓名和平均成绩字段的信息。

(2) 增加数据分组,分组表达式是 XSB 表中的学号字段,组标头带区的名称是"学号",组注脚带区的内容是该组学号的"平均成绩"总和。

(3) 增加标题带区,标题是"学生成绩分组汇总表(按学号)",要求 3 号字体,括号是全角符号。

(4) 增加总结带区,该带区的内容是所有学生的"平均成绩"总和。

(5) 在页注脚处设置当前的日期。最后将建立的报表文件保存为 REPORT2.FRX。

3. 有学生档案表 XSDA.DBF 如下:

学生档案表

学　　号	姓　　名	性　　别	出生日期	年　　龄	籍　贯
2000101	刘红梅	女	09/10/77	22	山东
2000102	张立功	男	08/16/77	24	河北
2000103	薛小妹	女	09/20/78	23	四川
2000104	蒋大伟	男	10/14/76	25	江西
2000105	李永远	男	09/15/78	23	山东
2000106	王水清	男	08/09/57	45	北京
2000107	张小龙	男	06/12/76	25	天津
2000108	吕志华	女	08/11/77	24	陕西
2000109	方华	女	12/18/76	25	黑龙江
2000110	阿凡提	男	11/23/77	24	新疆

设计一个带标题和表格线的报表,打印输出学生档案表 XSDA.DBF 中各个记录的内容。

4. 利用 Visual FoxPro 的报表设计器,根据学生档案表 XSDA.DBF 中的每一条记录的相应内容以下图所示的卡片形式打印输出学生档案卡片。

学生档案卡片

姓名:买买提	
性别:男	
籍贯:新疆	
出生日期:12/25/80	

四、参考答案
选择题

1. D　2. B　3. A　4. D　5. D　6. C　7. C　8. C　9. D　10. B　11. D　12. B　13. C　14. D　15. D

填空题

1. FRX　2. CREAT REPORT　3. ①行报表　②列报表　4. 带区

5. ①页标头　②页注脚　6. 标签　7. ①页标头　②组标头　8. 报表控件

9. 列数　10. 预览窗口

操作题

1. 操作步骤：

（1）打开学生表 XSB. DBF 作为报表的数据源。

（2）打开"工具"菜单中的"向导"子菜单，选择"报表"，弹出"向导选取"对话框，选择"报表向导"。

（3）进入报表向导后共有 6 个步骤，按顺序进行选择操作。

步骤1——字段选取：在"数据库和表"中选择 xsb，在"可用字段"中，单击双箭头键选中全部字段，移到"选定字段"即是报表的输出字段。

步骤2——分组记录：本题不分组，所以无分组选项。

步骤3——选择报表样式：依题意选"简报式"。

步骤4——定义报表布局：列数选 10，方向选"纵向"，字段布局选"列"。

步骤5——排序记录：选取"学号"字段为升序排序字段。

步骤6——完成：在"报表标题"中输入标题"学生档案一览表"，选择"保存报表以备将来使用"，去除"对不能容纳的字段进行拆行处理"，单击"完成"按钮。

（4）为了查看所生成的报表，先单击"预览"按钮查看报表效果，也可以选择"打印预览"中的打印按钮将该报表输出到打印机。

（5）对完成的报表进行保存操作，在保存窗口中键入 REPORT1. FRX，单击"确定"按钮。

2. 操作步骤如下：

（1）首先对学生表 XSB 按学号建立索引。

（2）选择"文件"菜单中的"新建"选项，弹出"新建"对话框，"文件类型"选择"报表"，单击"新建文件"，弹出"报表设计器"。

（3）选择"显示"菜单中的"数据环境"选项，打开"数据环境设计器"，单击右键，弹出快捷菜单，选择"添加"选项，选择学生表 xsb 添加到"数据环境"中。

（4）拖动"数据环境设计器"中的学号、姓名和平均成绩字段到报表设计器的"细节"带区，调整字段的大小。

（5）选择"报表"菜单中的"数据分组"选项，弹出"数据分组"对话框，在分组表达式上输入"xsb.学号"，单击"确定"按钮。在"报表设计器"中，增加"学号"组标头和组注脚的带区，内容是该组学号的"平均成绩"总和。

（6）把"数据环境设计器"中的"学号"字段拖到组标头带区；把"平均成绩"字段拖到组注脚带区。双击组注脚带区中的"平均成绩"字段，弹出"报表表达式"，单击"计算"按钮，弹出"计算字段"对话框，"重置"选择"xsb.学号"，"计算"中选择"总和"，单击"确定"按钮，再单击"报表表达式"中的"确定"按钮。

（7）选择"报表"菜单中的"标题/总结"选项，弹出"标题/总结"对话框，选择标题带区和总结带区。

(8) 在报表设计器中增加了两个带区：标题和总结。单击"标签"控件,在标题带区处单击,输入"学生成绩分组汇总表(按学号)",选择"格式"菜单中的"字体",设置 3 号字体。把"数据环境设计器"中的"平均成绩"字段拖到总结带区,双击总结带区中的"平均成绩"字段,弹出"报表表达式",单击"计算"按钮,弹出"计算"对话框,"重置"选择"报表尾","计算"选择"总和",单击"确定"按钮。再单击"报表表达式"中的"确定"按钮。

(9) 单击"域控件",在页注脚带区处单击,出现"报表表达式"对话框,在表达式处输入"DATA()"函数,单击"确定"按钮。

(10) 单击"文件"菜单中的"打印预览",可以查看打印效果。

(11) 关闭"报表设计器"窗口,单击"是"按钮,确定要保存报表,弹出"另存为"对话框,输入文件名 REPORT2.FRX,单击"保存"按钮即可。

3. Visual FoxPro 的报表设计器默认设计的表格是没有表格线的,然而我们可以利用其控件工具栏提供的"线条"按钮工具来制作符合要求的表格。具体操作步骤为:

(1) 用 CREATE REPORT 命令或 MODIFY REPORT 命令打开报表设计器。

(2) 在数据环境中添加学生档案表 xsda.dbf。

(3) 选择"报表"菜单中的"快速报表"命令,在弹出的对话框中单击"字段…"按钮,选择所需输出的字段并确定。

(4) 增加标题带区:选定"罐表"菜单的"标题/总结"命令,在弹出的对话框中选定"标题带区"复选框。

(5) 用拖动鼠标的方法调整各带区("页标头"、"细节"带区等)的高度。

(6) 画出表格线:在报表控件工具栏中单击"线条"按钮,然后按需要画出表格线。即在页标头带区画:

(7) 在细节带区画:

(8) 设计完毕的报表设计器窗口。注意:上面和下面的竖线一定要对齐,调整线的粗细可单击"格式"菜单的"绘图笔"命令,在弹出的子菜单中加以选定。

(9) 单击"常用"工具栏中的"预览"按钮进行预览,单击"保存"按钮保存所做的结果,满意后单击"打印"按钮进行打印。

4. 操作步骤如下:

(1) 用 CREATE REPORT 命令或 MODIFY REPORT 命令打开报表设计器。

(2) 选择"文件"菜单的"页面设置"命令,在"页面设置"对话框中单击"打印设置"按钮,在"打印设置"对话框中设定纸张大小等。

(3) 调整"页标头"带区的高度约为 2 厘米,"细节"带区约为 9 厘米。

(4) 单击"报表控件"工具栏的"标签"按钮,然后在"页标头"带区中输入标题"学生档案卡片",并设置其字体格式。

(5) 在"报表"菜单中选择"默认字体",利用"报表控件"工具栏的"线条"、"矩形"工具在

"细节"带区中画出档案卡片的样子。

　　（6）利用"标签"控件添加"姓名："、"性别："、"籍贯："、"出生日期："4 个标签,调整好大小并将它们放置到适当的位置。

　　（7）打开"数据环境"设计器,添加 xsda.dbf 表,然后将所需字段逐一拖放到适当位置,并对加入的域控件进行"格式"（例如：字体、字号、控件的大小）或"表达式"的适当设置。

　　（8）单击"常用"工具栏中的"保存"按钮保存所做的结果,单击"预览"按钮进行预览,满意后单击"打印"按钮进行打印输出。

参 考 文 献

1. 曾庆森. Visual FoxPro 程序设计基础. 北京：邮电大学出版社，2008.
2. 曾庆森. Visual FoxPro 程序设计实验指导书. 北京：北京兵器工业出版社，2007.
3. 刘卫国. Visual FoxPro 程序设计教程. 北京：邮电大学出版社，2005.
4. 薛磊. Visual FoxPro 程序设计基础教程. 北京：清华大学出版社，2008.
5. 高巍巍. Visual FoxPro 程序设计习题集与实验指导. 北京：清华大学出版社，2008.
6. 彭小林. Visual FoxPro 程序设计. 第 2 版. 北京：中国铁道出版社，2009.
7. 徐辉. Visual FoxPro 数据库应用教程与实验. 北京：清华大学出版社，2006.

相关课程教材推荐

ISBN	书　名	作　者
9787302184287	Java 课程设计(第二版)	耿祥义
9787302131755	Java 2 实用教程(第三版)	耿祥义
9787302135517	Java 2 实用教程(第三版)实验指导与习题解答	耿祥义
9787302184232	信息技术基础(IT Fundamentals)双语教程	江　红
9787302177852	计算机操作系统	郁红英
9787302178934	计算机操作系统实验指导	郁红英
9787302179498	计算机英语实用教程(第二版)	张强华
9787302180128	多媒体技术与应用教程	杨　青
9787302177081	计算机硬件技术基础(第二版)	曹岳辉
9787302176398	计算机硬件技术基础(第二版)实验与实践指导	曹岳辉
9787302143673	数据库技术与应用——SQL Server	刘卫国
9787302164654	图形图像处理应用教程(第二版)	张思民
9787302174622	嵌入式系统设计与应用	张思民
9787302148371	ASP. NET Web 程序设计	蒋　培
9787302180784	C++程序设计实用教程	李　青
9787302172574	计算机网络管理技术	王　群
9787302177784	计算机网络安全技术	王　群
9787302176404	单片机实践应用与技术	马长林

以上教材样书可以免费赠送给授课教师,如果需要,请发电子邮件与我们联系。

教学资源支持

敬爱的教师:

感谢您一直以来对清华版计算机教材的支持和爱护。为了配合本课程的教学需要,本教材配有配套的电子教案(素材),有需求的教师可以与我们联系,我们将向使用本教材进行教学的教师免费赠送电子教案(素材),希望有助于教学活动的开展。

相关信息请拨打电话 010-62776969 或发送电子邮件至 weijj@tup. tsinghua. edu. cn 咨询,也可以到清华大学出版社主页(http://www. tup. com. cn 或 http://www. tup. tsinghua. edu. cn)上查询和下载。

如果您在使用本教材的过程中遇到了什么问题,或者有相关教材出版计划,也请您发邮件或来信告诉我们,以便我们更好为您服务。

地址:北京市海淀区双清路学研大厦 A 座 708 室　　　计算机与信息分社魏江江　收
邮编:100084　　　　　　　　　　　　　电子邮件:weijj@tup. tsinghua. edu. cn
电话:010-62770175-4604　　　　　　　邮购电话:010-62786544